AF348397

TEUBNERS TECHNISCHE LEITFÄDEN

In Bänden zu 8—10 Bogen. gr. 8.

Die Leitfäden wollen zunächst dem Studierenden, dann aber auch dem Praktiker in knapper, wissenschaftlich einwandfreier und zugleich übersichtlicher Form das Wesentliche des Tatsachenmaterials an die Hand geben, das die Grundlage seiner theoretischen Ausbildung und praktischen Tätigkeit bildet. Sie wollen ihm diese erleichtern und ihm die Anschaffung umfänglicher und kostspieliger Handbücher ersparen. Auf klare Gliederung des Stoffes auch in der äußeren Form der Anordnung wie auf seine Veranschaulichung durch einwandfrei ausgeführte Zeichnungen wird besonderer Wert gelegt. — Die einzelnen Bände der Sammlung, für die vom Verlag die ersten Vertreter der verschiedenen Fachgebiete gewonnen werden konnten, erscheinen in rascher Folge.

Bisher sind erschienen bzw. unter der Presse:

Analytische Geometrie. Von Geh. Hofrat Dr. R. Fricke, Prof. a. d. Techn. Hochschule zu Braunschweig. Mit 96 Fig. [VI u. 135 S.] 1915. M. 2.80. (Bd. 1.)

Darstellende Geometrie. Von Dr. M. Großmann, Professor an der Eidgenössischen Technischen Hochschule zu Zürich. Band I. Mit 134 Fig. [IV u. 84 S.] 1917. M. 2.— (Bd. 2.)

Darstellende Geometrie. Von Dr. M. Großmann, Professor an der Eidgenössischen Technischen Hochschule in Zürich. Band II. 2. Aufl. Mit 145 Figuren. 1921. (Bd. 3.)

Differential- und Integralrechnung. Von Dr. L. Bieberbach, Professor an der Universität Frankfurt a. M. I. Differentialrechnung. Mit 32 Figuren. [VI u. 130 S.] 1917. Steif geh. M. 2.80. II. Integralrechnung. Mit 25 Figuren. [VI u. 142 S.] 1918. Steif geh. M. 3.40. (Bd. 4/5.)

Funktionenlehre. Von Dr. L. Bieberbach, Prof. a. d. Univ. Frankfurt a/M.

Praktische Astronomie. Geograph. Orts- u. Zeitbestimmung. Von V. Theimer, Adjunkt a. d. Montanistischen Hochschule zu Leoben. (Bd. 13.)

Feldbuch für geodätische Praktika. Nebst Zusammenstellung der wichtigsten Methoden und Regeln sowie ausgeführten Musterbeispielen. Von Dr.-Ing. O. Israel, Prof. an der Techn. Hochschule in Dresden. Mit 46 Fig. [IV u. 160 S.] 1920. Kart. M. 8.—. (Bd. 11.)

Erdbau, Stollen- und Tunnelbau. Von Dipl.-Ing. A. Birk, Prof. a. d. Techn. Hochschule zu Prag. Mit 110 Abb. [V u. 117 S.] 1920. Kart. M. 3.80. (Bd. 7.)

Landstraßenbau einschließlich Trassieren. Von Oberbaurat W. Euting, Stuttgart. Mit 54 Abb. i. Text u. a. 2 Taf. [IV u. 100 S.] 1920. Kart. M. 5.60. (Bd. 9.)

Hochbau in Stein. Von Geh. Baurat H. Walbe, Prof. an der Tech. Hochsch. zu Darmstadt. Mit 302 Fig. i. Text. [VI u. 110 S.] 1920. Kart. M. 6.40. (Bd. 10.)

Veranschlagen, Bauleitung, Baupolizei, Heimatschutzgesetze. Von Stadtbaurat Fr. Schultz, Bielefeld. (Bd. 12.)

Mechanische Technologie. Von Dr. R. Escher, Professor an der Eidgenössischen Technischen Hochschule zu Zürich. 2. Aufl. Mit 418 Abb. [VI u. 164 S.] 1921. Kart. M. 8.—. (Bd. 6.)

Grundriß der Hydraulik. Von Hofrat Dr. Ph. Forchheimer, Professor an der Technischen Hochschule in Wien. Mit 114 Fig. i. Text. [V. u. 118 S.] 1920. Kart. M. 8.20. (Bd. 8.)

Auf sämtl. Preise Teuerungszuschläge des Verlags 120% (Abänder. vorbeh.) u. teilw. der Buchh.

In Vorbereitung befinden sich:

Höhere Mathematik. 2 Bände. Von Dr. R. Rothe, Professor an der Technischen Hochschule Berlin.

TEUBNERS TECHNISCHE LEITFÄDEN

BAND 12

VERANSCHLAGEN, BAULEITUNG BAUPOLIZEI UND HEIMAT- SCHUTZGESETZE

VON

FRIEDRICH SCHULTZ
STADTBAURAT IN BIELEFELD

MIT 3 TAFELN

SPRINGER FACHMEDIEN WIESBADEN GMBH 1921

ISBN 978-3-663-15217-0   ISBN 978-3-663-15780-9 (eBook)
DOI 10.1007/978-3-663-15780-9

Vorwort.

Das Veranschlagen der Baukosten, die Vergebung der Arbeiten, die Bauleitung und die Abrechnung machen aus einem Entwurf einen fertigen Bau, sind also in ihrer praktischen Bedeutung die notwendige Ergänzung der Entwurfsarbeit. Da die Begabung den einen mehr auf das künstlerische, den anderen mehr auf das praktische Gebiet drängt, so hat sich allmählich ein gewisser Gegensatz zwischen beiden Richtlinien entwickelt, der vielfach tüchtige Entwurfskünstler zur Vernachlässigung dieser praktischen Lehrfächer verleitet und damit ein notwendiges Fundament ihrer späteren Tätigkeit untergräbt.

Die Zeit des Wiederaufbaus unserer Volkswirtschaft nach dem Kriege drängt aber mehr als frühere, glücklichere Zeiten des Aufschwungs zur sparsamsten Wirtschaft und fordert gebieterisch genaueste kaufmännische Übersicht über die zukünftigen Ausgaben dessen, der einen Bau unternehmen will. Deshalb gebührt in allen Bauschulen und Hochschulen diesen praktischen Lehrfächern ernsteste Beachtung. Der spröde Stoff muß aber den Studierenden in einer Form dargeboten werden, die das Interesse weckt und nicht den ersten Eifer schließlich wieder erlahmen läßt. Denn sonst wird er immer wieder vom Lernenden nur als Nebenfach angesehen und oberflächlich behandelt werden, während er doch ein Hauptfach sein müßte.

Die vorliegende Abhandlung versucht daher, den Gegenstand in leicht faßlicher, gemeinverständlicher Weise zu behandeln und dadurch Liebe zur Sache zu erwecken. Deshalb ist an Stelle aller eigentlichen Tabellen nur eine Darstellung des inneren Zusammenhangs dieser technischen Einzelarbeiten erstrebt. Die angeführten Beispiele sollen also nicht Selbstzweck, sondern nur Mittel zum Zweck sein.

Dasselbe gilt von den für jeden Jünger der Baukunst scheinbar noch weiter abseits von seinem Wege liegenden Gebieten des Baurechts. Sie ihm geistig näher zu bringen, ihn dafür innerlich zu gewinnen, ist Sinn dieser Darstellung. Darum ist unter Verzicht auf Abdruck vieler Einzelbestimmungen ein Überblick über die großen, allen Bauordnungen gemeinsamen Leitmotive und ihrer besonderen Verschiedenheiten gegeben worden. Der einzelne muß so wieder zur Mitarbeit, zum Mitdenken in baurechtlicher Hinsicht erzogen werden. Er darf nicht mehr wie in der Vorkriegszeit nur ein Objekt polizeilicher Regierung anderer sein, sondern er muß an seinem Platze tätig in die Speichen greifen, um zum Wohle des Ganzen mitzuarbeiten.

Der Verfasser.

Inhalt.

I. Veranschlagen von Bauarbeiten.

Wer eine Ware kaufen will, fragt nach dem Preise. Er bezahlt die geforderte oder vereinbarte Summe und damit ist der Handel in bezug auf den Preis endgültig erledigt. Dies galt vor dem Weltkriege in Deutschland für alle Waren, sowohl für diejenigen Gegenstände des täglichen Bedarfs, die schon vor dem Kauf fertig waren, deren Preis also bereits bei der Herstellung ermittelt war, als auch für solche, die noch erzeugt werden sollten, deren Preis also nur nach der Erfahrung berechnet werden konnte. 1 Pfund Zucker hatte im Augenblick des Kaufes beim Händler ebenso seinen festen Preis, wie eine Dampfmaschine bei der Bestellung in der Fabrik. Selbst wenn kaufmännisch veranlagte Naturen vom zuerst geforderten Preise etwas abhandelten und der Verkäufer aus Gepflogenheit im voraus hierfür auf den Preis etwas aufschlug, so war doch immer der schließlich vor dem Kauf vereinbarte Preis eine endgültig feststehende Summe, an der in allen normal verlaufenden Fällen von keiner Seite mehr gerüttelt wurde. Daraus ergab sich die für den ganzen Warenverkehr unerläßliche Sicherheit, mit der ein tüchtiger Kaufmann ein solides Geschäft mit Erfolg führen konnte. Alles andere gehörte dem Gebiet der Spekulation an, bei der man mit unsicheren Werten zu rechnen hatte und bei der es nicht nur von der Geschicklichkeit des einzelnen, sondern auch von dem unberechenbaren Glück und der Konjunktur abhängig war, ob viel Geld verdient oder verloren wurde. Damit gab sich nur derjenige ab, der Neigung dazu hatte.

Der Weltkrieg hat darin gründlich Wandel geschaffen. Der solide Händler wurde mehr oder weniger Spekulant. Täglich wechselten die Preise, so daß er immer wieder neue Zahlen in seine Rechnung einstellen mußte. Aber diese Neigung zu Schwankungen war meistens einseitig, die Preise gingen nur täglich in die Höhe. Deshalb mußte der Fabrikant, der einen Auftrag annahm, sich vorbehalten, den Preis erst bei Ablieferung der Ware endgültig nach den wirklichen Gestehungskosten zu berechnen. Man führte das System der sogenannten freibleibenden Preise ein, die zwar fast immer dem Verkäufer einen ausreichenden Gewinn ermöglichten, aber oft genug den Käufer bei Abnahme der Ware in schwierige Lage brachten. Das Kaufen wurde also unsicher.

Die weitere Entwicklung des kaufmännischen Geschäftes ist augenblicklich aus vielen Gründen noch nicht abzusehen. Aber das ist jedem klar: Es muß danach gestrebt werden, die gesunde Grundlage jedes Geschäftes, den im voraus bestimmten festen Preis so schnell wieder zu erreichen, wie es die äußeren Umstände nur irgend gestatten. Erst dann wird nicht nur der Verkäufer, sondern auch der Käufer wieder ein gesichertes Dasein haben.

Wie ganz anders sind die Verhältnisse bei der Herstellung von Bauten! Sie allein sind die einzige Ausnahme von dieser allgemeinen geschäftlichen Regel. Der Bauherr als Besteller der Ware — des Baues — vereinbarte mit seinem Sachverständigen den Plan und die Ausführung, der Preis wurde veranschlagt und die schließliche Abrechnung ergab in einer großen Zahl aller Fälle eine ganz andere, fast immer wesentlich höhere Summe! Wie oft mußte die geschäftliche Grundlage eines Unternehmens völlig geändert werden, weil bedeutend höhere Erwerbskosten zu verzinsen waren! Wie oft wurde der mit großen Hoffnungen begonnene Bau eines Eigenhauses für den Besitzer eine wirtschaftliche Last, unter der er zusammenbrechen mußte. Wie oft behielt das pessimistische Scherzwort von den zwei glücklichen Tagen Recht, dem einen, an dem das Haus begonnen, und dem anderen, als es wieder verlassen wurde!

Woran liegt das? Warum wickelt sich die Errichtung eines Bauwerks nicht mit derselben geschäftlichen Sicherheit ab wie der Kauf einer anderen Ware? Sollten die Baumeister so viel schlechtere Geschäftsleute sein, als alle anderen Kaufleute? Ist mangelhafte kaufmännische Schulung der jungen Bauleute an diesem Übel schuld? Oder liegt der Grund in einer gewissen Sorglosigkeit der Bauverständigen, die ihre Gedanken mehr auf die künstlerische oder rein technische Ausführung als auf die geschäftliche Sicherheit ihrer Unternehmen richten?

Zweifellos ist es Tatsache, daß man ganz allgemein dem sogenannten Kostenanschlag eines Baumeisters ein gewisses Mißtrauen entgegenbringt und ihn als eine bewegliche Größe ansieht, als eine Zahl, die fast immer sich als trügerisch, als zu niedrig gegriffen erweist. Die Bauherren haben sich aus Fatalismus daran gewöhnt, einen gewissen Prozentsatz an wahrscheinlicher Überschreitung im stillen den Summen hinzuzurechnen, die ihnen von ihrem Baumeister genannt werden.

Ein Teil der Fachleute hat sich aus Bequemlichkeit mit dieser Tatsache innerlich abgefunden und erklärt es wohl oft für eine ganz natürliche Selbstverständlichkeit, daß er die Anschlagskosten überschreitet. Er vergißt aber dabei zu bedenken, daß damit auch das Vertrauen in seine Kunst einen starken Stoß erleidet, den er aus Rücksicht auf den Stand im allgemeinen und auf sein eigenes wirtschaftliches Dasein abwehren, aber nicht willenlos wie ein Fatum hinnehmen darf. Denn es gibt immer noch einen großen Kreis von Fachleuten, denen öffentlich nachgerühmt wird, daß ihre Anschläge nie überschritten werden. Sie sind deshalb von den Baulustigen gesucht, ihre Aufträge mehren sich, während die der anderen zurückgehen.

Jeder Baumeister hat also aus ganz persönlichen Gründen für richtige Anschläge zu sorgen.

Ohne Zweifel ist es nun weit schwieriger, die Kosten eines Baues im voraus richtig festzustellen, als den Preis von einem Pfund Zucker oder einem Meter Leinwand. Wenn bei einem Pfund Zucker ein oder zwei Dutzend verschiedene Preisbildner in Beziehung zueinander zu bringen sind, um die endgültigen Kosten zu berechnen, so hat der Baumeister bei seinen Anschlägen Hunderte von solchen Einzelpreisen in Rechnung zu stellen, um den Gesamtpreis zu ermitteln. Und er ist dabei fast nie in der Lage, die angemessenen, also unbedingt nötigen, Einzelpreise selbst festzustellen, da es ihm hierzu an der erforderlichen Einsicht in alle Einzelheiten der handwerklichen oder fabrikmäßigen Erzeugung fehlt. An die Stelle der eigenen Einzelberechnung muß er meistens die Preiserfahrung bei anderen ähnlichen Bauten setzen. Daraus geht schon hervor, daß Neulinge nicht mit derselben Zuverlässigkeit veranschlagen können wie ältere Praktiker. Deshalb hat sich auch eine gewisse Spezialisierung dieser Arbeit allmählich als zweckmäßig erwiesen. Man pflegt mit der Veranschlagung ältere Techniker zu betrauen, denen schon eine langjährige Erfahrung zur Seite steht, und die eine gewisse Gewandtheit und Sicherheit in diesen Arbeiten erworben haben. Das entbindet aber den Leiter des Baubetriebes nicht von der Pflicht, sich selbst die notwendige Kenntnis in diesen Dingen zu verschaffen und die Anschläge eingehend zu prüfen, ehe er sie unterschreibt. Denn er allein hat dem Bauherrn gegenüber die Verantwortung für die Zuverlässigkeit der Berechnungen zu übernehmen, ihn allein trifft das Urteil über den Wert der Arbeit.

Aus allen diesen Gründen sollte der Kostenanschlag eines Bauwerkes mit größter Sorgfalt aufgestellt und der zweckmäßigste Gang der Ermittlungen eingehend studiert, aber nicht auf den Lehranstalten als eine Nebensächlichkeit behandelt werden. Es muß mehr als bisher dafür gesorgt werden, daß nicht nur die technischen Mittelschulen, sondern auch die Hochschulen ihren Studierenden das Maß von Achtung vor einem guten Kostenanschlage beibringen, das seiner Wichtigkeit entspricht, und daß die jungen Bauleute sich außer dieser platonischen Liebe auch die reale Gründlichkeit im Veranschlagen aneignen. Die staatliche Bauverwaltung in Preußen hat seit Jahrzehnten eingehende Normalvorschriften über die Aufstellung ihrer Kostenanschläge erlassen und verlangt von jedem ihrer akademisch gebildeten Beamten volle Beherrschung des Gegenstandes, da sie bei ihren ungeheuren Aufträgen keine wesentlichen Dauerüberschreitungen dulden darf. Die parlamentarischen staatlichen und kommunalen Körperschaften pflegen immer wieder auf ihr Etatsrecht hinzuweisen, nach dem sie allein die endgültig zur Verfügung zu stellenden Bausummen zu bestimmen haben, und sie verlangen deshalb mit Recht pünktliche Innehaltung der Kostenanschläge. Und was den großen Bauherren recht, das ist den kleinen billig. Die Auffassung muß überwunden werden, daß Überschreitungen selbstverständlich seien!

Was gehört nun zu einem zuverlässigen Kostenanschlage?

In erster Linie ein klarer, fertiger Bauplan! Und da beginnt die erste Schwierigkeit! Es ist leider vielfach zur Gewohnheit geworden, dem Bauherrn bei Baubeginn halbfertige Pläne vorzulegen, und erst im Laufe des Baues den endgültigen Ausführungsplan aufzustellen, wenn längst die Kostenfrage geklärt sein muß! Das ist ein Grundübel, das mit allen Mitteln bekämpft werden muß. Erst der Plan, dann der Anschlag! Hierbei ist es als unvermeidlich anzusehen, daß bei der zur Ausführung nötigen Bearbeitung der Einzelzeichnungen im großen Maßstabe die Vorentwurfspläne mehr oder weniger geändert und vervollkommnet werden. Denn sonst käme man zu der früher bei einzelnen Verwaltungen befohlenen — jetzt glücklich überwundenen — Schematisierung aller konstruktiven Einzelheiten. Aber diese notwendigen Planänderungen dürfen keine wesentlichen Teile des Entwurfs von Grund auf beseitigen und andere an ihre Stelle setzen. Man darf keine Giebel statt großer Dachflächen, keine Pflasterstraßen statt Chausseen, keine starken statt bisher beabsichtigter schwacher Straßenkanäle bei der Einzelbearbeitung entwerfen, sondern muß sich bei den Änderungen stets bemühen, nur Unwesentliches zu beseitigen. Wenn aber einmal im vorsichtig erwogenen Ausnahmefall wesentliches geändert werden muß, so prüfe man besonders sorgfältig, ob die Kosten dadurch erhöht werden und sorge für rechtzeitige Deckung.

Nach Vorstehendem wird es klar sein, daß ein richtiger Anschlag nur auf Grund eines endgültig ausgearbeiteten Planes möglich ist. Die Besprechungen mit dem Bauherrn müssen völlig erledigt und in dem Entwurf niedergelegt sein — nicht Skizzen, sondern fertige Entwürfe müssen dem Anschlag zugrunde liegen.

Falls aus irgendwelchen Gründen die endgültige Bearbeitung des Ausführungsplanes noch nicht möglich ist, wie z. B. bei der Gegenüberstellung mehrerer Entwürfe für denselben Gegenstand, so muß man sich entsprechend auch mit vorläufigen Kostenschätzungen oder Kostenüberschlägen begnügen. Hierfür haben sich bei allen Teilgebieten der Baukunst gewisse Erfahrungssätze herausgebildet, mit deren Hilfe man zu ungefähren Kostenangaben gelangen kann.

So berechnet man z. B. die Kosten von Hochbauten nach Kubikmetern des umbauten Raumes oder nach Quadratmetern der bebauten Grundfläche. Bei Straßenbauten kann man solche Voranschläge nach Metern fertiger Straßen, bei Eisenbahnen nach Kilometern, bei Kanalisations- und anderen Rohrleitungsarbeiten nach Metern fertig verlegter Leitungen aufstellen usw. Allen diesen Schätzungen liegt eine vorherige möglichst genaue Ermittlung dieser großen Massen und eine statistische Aufzeichnung der bei ähnlichen Bauobjekten bisher wirklich gezahlten Pauschalsätze zugrunde. Man muß also wissen, was ein Kubikmeter umbauter Raum einer Scheune, eines Arbeiterkleinhauses, eines großen Mietshauses, einer Schule, eines Krankenhauses, einer Fabrik, ein Meter Straßenbau in Chaussee usw. in normaler Ausführung bisher gekostet hat, und um wieviel Prozent sich seitdem die Gesamtpreise aller Bauarbeiten verschoben haben. Diese Erfahrungssätze sind je nach den örtlichen Lohn- und Materialverhältnissen natürlich so verschieden, daß der Versuch einer tabellarischen Zusammenstellung zwecklos wäre, weil die angegebenen Preise doch nur in einem begrenzten Gebiet gültig sein würden. Deshalb ist es richtiger, diese Einzelpreise auch erst am Ort des Baues sorgfältig zu ermitteln, was unschwer gesch hen kann.

Zur Kostenschätzung von Hochbauten pflegt man die Kubikmeter umbauten Raumes, gemessen von der Sohle des Kellergeschosses, oder bei nicht unterkellerten Gebäuden von der Erdoberfläche bis zur Oberkante der obersten Geschoßdecke zu berechnen. Hierbei werden ausgebaute Räume im Dachgeschoß, wie Treppenhäuser, Dachstuben, Lagerräume, Waschküchen usw. voll eingesetzt. Für flache Dächer und normale Fundamente pflegt man keine besonderen Zuschläge zu machen, indessen muß man bei steileren Dächern, also z. B. schon bei Mansarddächern einen gewissen Teil des Daches dem umbauten Raum zuschlagen, indem man 1 oder 2 m von der Dachhöhe der gesamten Höhe aller Stockwerke zurechnet.

So hat z. B. das Zweifamilienhaus des folgenden ausführlichen Kostenanschlagsbeispiels einschließlich der beiden Ställe und der Terrassen nach der Vorberechnung unter A 5 eine Raumgröße von 791 cbm ohne Anrechnung eines Anteils der Dachhöhe. Entsprechend ist der wahrscheinliche Gesamtpreis auf 791 cbm zu je 16 $\mathcal{M}$ = rund 12700 $\mathcal{M}$ nach den örtlichen Erfahrungen des Bauplatzes in der Zeit vor dem Kriege zu schätzen. Dabei ist als der damalige Preis für 1 cbm eines einfachen Eigenhauses ohne Inventar, Ö en, Garten, Ein riedigungen, Bauzinsen 16 $\mathcal{M}$ angenommen. Entsprechend hat 1 cbm eines mittleren Etagenmiethauses 17—18 $\mathcal{M}$, einer besseren Villa 20—25 $\mathcal{M}$, einer 15klassigen Schule 16—18 $\mathcal{M}$ gekostet.

Diese Kostenüberschläge nach Kubikmetern umbauten Raumes genügen zur vorläu igen Ermittlung in außerordentlich vielen Fällen, z. B. bei Wettbewerben und bei der Au stellung einer vorläu igen Ertragsberechnung eines Unternehmens (Fabriken, Hotels usw). Ebenso pflegt man sie anzuwenden, wenn man zur Frage der Errichtung bestimmter Bauten, Villen, Schulen, Badeanstalten usw. erst einmal grundsätzlich Stellung nehmen will, ehe der genauere Entwurf mit Kostenanschlag aufgestellt wird. Also wird er stets die Unterlage für die ersten Besprechungen und Abmachungen mit dem Bauherrn bilden müssen.

Die in manchen Kreisen gern angewandte Kostenschätzung nach Quadratmetern bebauter Fläche ist natürlich nur bei dem Vergl ich ganz gleichartiger Bauten mit gleichen Stockwerkshöhen usw. möglich, da jede Veränderung der Gesamthöhe einen vollständig anderen Einheitspreis pro qm ergeben muß.

Nachdem mit Hilfe des Vorentwurfes und des Kostenüberschlages ein Bauobjekt endgültig zur Ausführung bestimmt ist, wird vor Vergebung der Arbeiten der eigentliche Kostenanschlag nach den fertigen Ausführungsplänen ausgearbeitet.

Dazu gehört die Ermittlung aller Massen, aus denen sich der Bau zusammensetzt, in einer besonderen *Massenberechnung*, zu der je nach der Art des Objektes verschiedene Vorberechnungen nötig sind. So bedarf man zur Feststellung der Eisenmassen einer Eisenkonstruktion, z. B. eines Dachstuhles, eines Eisenfachwerkbaues, einer Brücke usw. der vorherigen genauen statischen Berechnung der einzelnen Eisenstärken und Gewichte. Bei einer Heizungsanlage ist die Wärmeberechnung nötig, um die Quadratmeter Heizfläche der Heizkörper und Kessel und die Rohrstärken zu ermitteln. Bei Kanälen ist die Niederschlagsmenge des zu entwässernden Gebiets und der dafür erforderliche Kanal-Querschnitt vorab zu berechnen. Und bei Hochbauten pflegt man in einer sorgfältigen Vorberechnung die Flächen des ganzen Baues und der einzelnen Räume, die Umfänge und die Maueröffnungen zusammenzustellen, da man diese Grundmasse in der eigentlichen Massenberechnung fortwährend wieder gebraucht.

Wenn man diese kleine Vorarbeit bei Hochbauten aus Bequemlichkeit — oder weil es dem Praktiker zu akademisch erscheint — unterläßt, so ist man an sehr vielen Stellen des Anschlages genötigt, dieselben Massen immer wieder von neuem nach den Zeichnungen zu berechnen. Dadurch wird die Arbeit schließlich nicht nur vergrößert, sondern vor allem unübersichtlich und unzuverlässig, weil stets die Gefahr des Übersehens von Einzelheiten vorliegt. Es ist daher dringend die Aufstellung einer solchen Vorberechnung zu empfehlen.

Der eigentliche Kostenanschlag zerfällt in einzelne Untertitel, in denen die verschiedenen Arbeiten nach ihrer handwerklichen Zusammengehörigkeit gruppenweise gesammelt sind. So wird ein größerer Straßenbau z. B. im allgemeinen nach der Erdarbeit, der Materiallieferung und der Arbeit des Einbaues in die Straßendecke in drei Abschnitte geteilt werden. Bei einem Anschlußgleis pflegt man nach Unterbau (also Erdarbeit in Dämmen oder Einschnitten), Gleislieferung und Oberbau, also Verlegung des Materials zu trennen. Bei einem Hochbau ergeben sich eine große Reihe von Unterabteilungen, da im allgemeinen eine größere Zahl verschiedenster Handwerkszweige an seiner Herstellung mitarbeiten müssen. Indessen muß dabei berücksichtigt werden, daß die Baugewohnheiten örtlich verschieden sind und dadurch häufig eine Zusammenziehung einzelner Gruppen üblich geworden ist. Während z. B. in einem großen Teil unserer Heimat die Materialien zu den Maurerarbeiten grundsätzlich, wenigstens bei großen Bauten, von besonderen Händlern unmittelbar an den Bauherrn geliefert und von diesem den Maurermeistern zur Verarbeitung übergeben werden, pflegen in anderen Gegenden die Unternehmer selbst das Material zu ihren

Arbeiten zu liefern, also direkt vom Großhändler oder Fabrikanten zu beziehen. Entsprechend wird man in dem einen Falle für die Lieferung des Materials die Massen in einem besonderen Titel veranschlagen, im anderen Falle sie mit den Maurerarbeiten zusammenziehen. Asphalt-, Staaker-, Entwässerungs-, Fliesenarbeiten usw. werden häufig vom Maurermeister mit ausgeführt, so daß auch diese teilweise in den Titel Maurerarbeiten aufgenommen werden *könnten*. Der Kostenanschlag wird aber dadurch nur unübersichtlich gemacht — er gewinnt an Klarheit, wenn auch in den Fällen der gemeinsamen Ausführung verschiedener Arbeiten durch einen Generalunternehmer trotzdem die einzelnen Handwerkszweige in Unterabteilungen für sich berücksichtigt werden.

Außerdem pflegt man in einem Schlußtitel „Insgemein" gewöhnlich einige besondere Arbeiten und Kosten zusammenzustellen, die allen Titeln gemeinsam dienen, wie z. B. Baubuden, Bauwasser, Bauzäune, Bauwächter, Bauleitung, Bauzinsen usw. oder für die man keine besonderen Unterabteilungen bilden will, wie Anliegerbeiträge, Einzäunung, Hofpflasterung, Gartenherstellung usw.

Zur Veranschlagung der Maurermaterialien una der Zimmerarbeiten ist ferner eine besondere Materialberechnung an Hand der Ermittlung der Mauermassen und eine Holzliste nötig, in der alle Bauhölzer nach Querschnitt und Längen zusammengestellt werden. Diese pflegt man der Massenberechnung als besonderen Anhang beizufügen.

Für den Anfänger ist es ganz besonders schwierig, die Massenberechnung und den Kostenanschlag vollständig und lückenlos aufzustellen, so daß stets damit gerechnet werden muß, daß ein gewisser Teil von Arbeiten übersehen worden ist. Dieser auf menschlichen Irrtum begründete Mangel muß mit hartnäckiger Sorgfalt bekämpft werden — denn auf ihm beruht ein ganz bedeutender Teil aller Bauüberschreitungen. Jeder Praktiker weiß davon Beispiele genug zu erzählen. Die Fehler liegen sowohl darin, daß in der Gesamtberechnung ganze *Arbeiten* überhaupt vergessen werden, wie auch darin, daß in der besonderen Massenberechnung die einzelnen Arbeiten nicht vollständig ermittelt, also einzelne *Teile* übersehen werden. Deshalb ist jedem Anfänger vor Beginn eines Kostenanschlages das eingehende Studium eines schon ausgeführten praktischen Beispiels dringend zu empfehlen.

Außerdem aber werden die Kostenanschläge auch deshalb nie ganz genau, weil sich trotz der größten Sorgfalt bei der Ausführung stets erst die Notwendigkeit gewisser Arbeiten herausstellt, die man nicht voraussehen *konnte*. Also z. B. Drainagen des ganzen Gebäudes, weil man bei der Ausschachtung verborgene Quellen anschneiden mußte, Tagelohnarbeiten zur Beseitigung verborgener alter Fundamente oder Felsmassen, Wasserhaltung bei unvermutetem, starkem Wasserandrang, Verteuerung einzelner Arbeiten oder Lieferungen *während* der Bauausführung durch plötzliche Lohnsteigerungen, Tagelohnarbeiten für Abänderungen auf Anordnung des Bauherrn, besondere Auflagen der Behörden usw. Alle diese und noch viele andere Gründe können zu einer Kostenerhöhung führen, die im Kostenanschlage keine Deckung mehr findet. Deshalb ist es üblich, jedem Untertitel eine Schlußposition hinzuzusetzen, welche ausdrücklich Mittel zur Ausführung unvorhergesehener Arbeiten vorsieht. Dies Sicherheitsventil kann natürlich nur einen kleinen Prozentsatz der Gesamtkosten ausmachen, darf aber trotzdem nicht fehlen. Jeder Praktiker wird bald das richtige Gefühl dafür bekommen, welcher Ansatz an dieser Stelle für seine Arbeitsweise angemessen ist, und wird sich vor zu niedriger, aber auch vor dem Mißbrauch zu hoher Berechnung dieser Posten hüten.

Hat man alle diese Klippen eines großen Kostenanschlages überwunden, so droht die größte Gefahr noch immer von der falschen Bemessung der vorzusehenden Einzelpreise. Wie soll man diese ermitteln? Um diese Frage dreht sich eigentlich der seit Jahrzehnten schon tobende Kampf um die Besserung des Submissionswesens. Denn es ist klar, daß so lange nicht das Verfahren der Arbeitsvergebung verbessert werden kann, nicht das Grundübel der Veranschlagung falscher Preise beseitigt ist. Erst die vorherige Berechnung zu geringer Mittel nötigt später den Bauleiter zu dem unwirtschaftlichen Druck auf die Unternehmer, der das Submissionselend heraufbeschwört. Wenn die Mittel richtig veranschlagt sind, also für jede zu vergebende Leistung eine *angemessene* Bezahlung vorgesehen ist, wird jeder wirtschaftlich gerecht denkende Bauleiter Unterbietungen zu Schleuderpreisen als solche erkennen und zurückweisen — schon weil er aus Erfahrung weiß, daß er selbst sich die größten Schwierigkeiten bereitet, wenn er für zu geringe Bezahlung eine tadellose Leistung fordern muß. Aber die falschen Preisansätze im Kostenanschlage zwingen ihn häufig, diese Erwägungen außer acht zu lassen und ohne Hemmung durch sein Gewissen grundsätzlich dem Allerbilligsten die Arbeit zu übertragen, wenn er auch wissen muß, daß nicht einmal dessen Selbstkosten gedeckt werden. Ein großer Teil aller lästigen Nachforderungen und Prozesse hat seinen wahren Grund in der falschen Veranschlagung. Und ebenso werden dadurch im Grunde die unreellen Elemente großgezogen, die jede Arbeit zu jedem Preise an sich reißen, um von dem Augenblick der Übertragung an ihren ganzen Eifer nur noch darauf zu verwenden, dem Bauherrn mit möglichster Gerissenheit Nachforderungen zu berechnen oder ihn mit minderwertiger Arbeit zu betrügen.

Also sorge man für richtige Preise. Aber wie?

Auch darüber ist seit Jahrzehnten der Meinungsstreit hin und hergewogt, ohne bisher zu einem wirklichen Ergebnis geführt zu haben.

Wenn Menschen Engel wären, so wäre es zweifellos das Richtigste, in jeder Stadt oder Gemeinde — oder in größeren Bezirken — durch eine aus allgemeinem Vertrauen gewählte Gruppe von Sachverständigen auf Grund der örtlichen Lohnsätze und der bekannten Materialpreise jährlich ausführliche Preisverzeichnisse ausarbeiten zu lassen und sie für die Allgemeinheit gedruckt herauszugeben. Die Sachverständigen müßten aus allen Kreisen des Handwerks, des Materialhandels, der Bauindustrie, der Architekten und Ingenieure und der öffentlichen Körperschaften, Gemeinden und Staatsverwaltungen entnommen werden, um in gemeinsamer Beratung unter genauer Ermittlung aller wirklich nötigen Gestehungskosten die angemessenen Preise zu berechnen. Die großen Verbände, Innungen, Gewerkschaften, Baufachvereine und Behörden müßten hier zusammenwirken und die Arbeit in die Hand nehmen. Ansätze dazu sind an vielen Stellen zu bemerken, aber noch nirgends ist eine vollständige Erfassung des gesamten Gebiets zu ersehen. Und außerdem liegt auch die Gefahr des Systems in der menschlichen Unzulänglichkeit, in der mehr oder weniger rücksichtslosen Verfolgung der eigenen Interessen des von dem einzelnen Sachverständigen vertretenen Kreises, die immer eher zu einer ungerechten Erhöhung des wirtschaftlichen Vorteils als zu einer wirklich unparteiischen Wertermittlung führen wird. Die Gewerkschaften werden die Gelegenheit zu einer Verbesserung der wirtschaftlichen Lage der Arbeitnehmer, die Innungen zu Gewinnerhöhungen ihrer Meister, die Baufachleute zur Erzielung billiger Baupreise und die Behörden mindestens zur Erreichung möglichster Stabilität aller Preise benützen wollen. Eigentliche Unparteiische im schärfsten Sinne des Wortes wird es auf der ganzen Linie der Beteiligten nicht viele geben. — Und trotzdem ist dies der einzige Weg, auf dem man mit Vernunft und gegenseitigem Vertrauen zu einem brauchbaren Dauerresultat kommen kann, um das Elend der Unterbietung einerseits und der ewigen Überschreitungen anderseits zu beseitigen. Deshalb sollte sich auch jeder bemühen, seinerseits zur Herbeiführung solcher Gemeinschaftsarbeit tätig zu sein und seine grundsätzlichen Bedenken gegen die menschliche Unzulänglichkeit beiseitestellen.

Solange ein solcher Idealzustand aber noch nicht erreicht ist, bleibt jedem einzelnen nur übrig, die Einheitspreise seiner Kostenanschläge auf das Sorgfältigste selbst durch Erkundigung der Materialpreise auf Grund vorheriger Angebote und der Arbeitspreise durch Vergleich früherer, zu berriedigenden Preisen ausgeführter Leistungen zu ermitteln. Hierbei werden die Behörden stets im Besitz des nötigen Materials sein, da sie dauernd brauchbare Beispiele aus ihrem großen Arbeitsgebiet haben. Aber auch der Privatmann wird durch Einziehung von Angeboten, durch Umfrage bei Händlern und Innungen und durch Verwertung seiner eigenen früheren Ausführungen schließlich doch zu annähernd richtigen Unterlagen kommen können.

Als falsch muß es aber bezeichnet werden, wenn solche Ermittlungen in Form von Büchern oder Tabellen *einseitig* für einen Ort oder auch ein größeres Gebiet zusammengestellt und nun als Muster für die ganze Heimat *verallgemeinert* werden, wie dies gelegentlich wohl geschieht. Deshalb ist auch in dieser Abhandlung darauf verzichtet worden. Es kommt noch hinzu, daß augenblicklich nach dem unglücklichen Ausgang des Weltkrieges das ganze Gebiet der wirtschaftlichen Weiterentwicklung so unübersichtlich ist, daß niemand weiß, ob seine heute als richtig unterstellten Werte morgen noch gültig sind. Denn die jetzigen, auf das Fünffache des früheren Friedenspreises im Durchschnitt gestiegenen Preise müssen allmählich wieder abgebaut werden, wenn nicht das Bauen überhaupt aufhören und damit die Arbeitslosigkeit für Millionen ein Dauerzustand werden soll. Die augenblickliche Praxis der behördlichen Überteuerungszuschüsse zu Wohnbauten ist dafür ein sprechender Beweis. So notwendig sie zurzeit ist, um die herrschende Wohnungsnot trotz der gestiegenen Baupreise zu beheben, so falsch ist sie doch im allgemeinen volkswirtschaftlichen Sinne. Und darum muß sie über kurz oder lang wieder aufgegeben werden, um einem weniger unzulänglichen System Platz zu machen.

Hat man auf die eine oder andere Weise brauchbare Einheitspreise gefunden, so kann der Kostenanschlag endgültig zusammengestellt werden.

Hierbei ist noch eine kleine Äußerlichkeit zu bedenken, das ist die Sprache des Anschlages. Sie soll kurz und klar sein, aber auch alles für die spätere Ausführung Wesentliche enthalten. Der Wortlaut des Anschlages soll ein Wegweiser für die Vergebung der Arbeiten sein, also müssen alle Einzelheiten der Arbeit genau darin beschrieben werden. Der Bauleiter darf nicht bei Aufstellung seiner Angebote später erst die einzelnen Arbeiten oder Lieferungen neu überlegen, z. B. an Stelle der im Anschlage vorgesehenen Einreiber für Fenster die viel teureren Baskülverschlüsse setzen, statt Verblendsockel Sandsteinsockel, statt Ziegeldach Schieferdach usw. vorschreiben, da er sonst zu völliger Irrfahrt und wesentlicher Überschreitung kommen muß. Ein gut und richtig aufgestellter Spezialanschlag muß vielmehr für ihn eine unbedingte Richtschnur für die Ausführung sein, von der er nur aus ganz besonderen, mit dem Bauherrn gemeinsam erwogenen Gründen abweichen darf. Deshalb muß der Wortlaut frei von allen Unklarheiten sein. Im Interesse der deutschen Sprache liegt es aber auch, daß er in gutem Deutsch verfaßt ist, frei von überflüssigen Fremdworten, aber auch frei von den bekannten fürchterlichen Wortungeheuern, welche die technische Sprache leider in so großen Mengen erfunden hat. Auch auf diese kleine Äußerlichkeit sollte geachtet werden.

Um das Gesagte an einem Beispiel zu veranschaulichen, folgt hiernach ein Kostenanschlag zu einem Zweifamilienhause mit den zugehörigen Entwurfsstücken. In dem Anschlage sind die Einzelpreise angegeben, welche vor dem Weltkriege und zur Zeit der Niederschrift dieser Abhandlung in Bielefeld für gleiche Bauten üblich gewesen sind.

Kostenanschlag für ein Zweifamilienhaus.

Pos.	Raum Nr.	Stück-zahl	Gegenstand	Länge m	Breite m	Fläche qm	Höhe m	Inhalt cbm	Abzug
			A. Vorberechnung.						
			1. *Umfangsberechnung.*						
			Fundament						
			Vorder- u. Hinterfront						
			2 · 12,14	24,28					
			Seitenfronten 2 · 8,39	16,78					
				41,06					
		41,06	m Umfang der Funda-mente						
			Keller						
			Vorder- u. Hinterfront						
			2 · 12,04	24,08					
			Seitenfronten 2 · 8,29	16,58					
				40,66					
		40,66	m Umfang des Keller-geschosses						
			Erdgeschoß						
			Vorder- u. Hinterfront						
			2 · 12,00	24,00					
			Seitenfronten 2 · 8,25	16,50					
				40,50					
		40,50	m Umfang des Erdge-schosses						
			Stall 4 · 1,98	7,92					
			2 · 2,86	5,72					
				13,64					
		13,64	m Umfang der Ställe..						
			Obergeschoß wie Erd-geschoß............						
		40,50	m Umfang d. Oberge-schosses						
			2. *Flächenberechnung.*						
			Fundament	12,14	8,39	101,85			
		101,85	Fläche des Gebäudes im Fundament ohne Stall und Terrasse....						
			Einzelräume						
1a				3,98	1,85	7,36			
2a				3,85	3,32	12,78			
3a				5,39	3,36	18,11			
			halbes Haus			38,25			
			ganzes Haus			76,50			
			Abzug Schornstein....	0,82	0,32	0,26			0,26
						76,24			
		76,24	qm Flächeninhalt der Räume im Fundament ohne Ställe u. Terrasse						

Pos.	Raum Nr.	Stück-zahl	Gegenstand	Länge m	Breite m	Fläche qm	Höhe m	Inhalt cbm	Abzug
			Keller	12,04	8,29	99,81			
			Ställe 2 · 2,86	5,72	1,98	11,32			
						111,13			
		111,13	qm Fläche des Gebäudes im Keller ohne Terrasse						
			Einzelräume	4,08	1,95	7,96			
	1			3,95	3,42	13,51			
	2			5,49	3,46	19,00			
	3		Ställe	2,36	1,73	4,08			
			halbes Haus			44,55			
			ganzes Haus			89,10			
			Abzug für Schornstein	0,82	0,32	0,26			0,26
						88,84			
		88,84	qm Flächeninhalt der Räume im Keller und in d. Ställen ohne Terrasse						
			Erdgeschoß	12,00	8,25	99,00			
			Ställe 2 · 2,86	5,72	2,00	11,44			
						110,44			
		110,44	qm Fläche des Gebäudes im Erdgeschoß ohne Terrasse						
			Einzelräume	4,06	2,00	8,12			
	4			4,00	3,42	13,68			
	5			5,54	3,51	19,45			
	6								
	11		Stall	2,36	1,75	4,13			
			halbes Haus			45,38			
			ganzes Haus			90,76			
			Abzug für Schornstein	0,82	0,32	0,26			0,26
						90,50			
		90,50	qm Flächeninh. der Räume im Erdgeschoß u. in d. Ställen ohne Terrasse						
			Obergeschoß	12,00	8,25	99,00			
		99,00	qm Fläche des Gebäudes im Obergeschoß..						
			Einzelräume	4,06	2,00	8,12			
	7			4,00	3,42	13,68			
	8			3,00	3,51	10,53			
	9			2,48	3,51	8,70			
	10								
			halbes Haus			41,03			
			ganzes Haus			82,06			
			Abzug für Schornstein	0,82	0,32	0,26			0,26
						81,80			
		81,80	qm Flächeninhalt der Räume im Oberge-schoß						

Pos.	Raum Nr.	Stück-zahl	Gegenstand	Länge m	Breite m	Fläche qm	Höhe m	Inhalt cbm	Abzug
			3. Umfangsberechnung der Räume.						
			Keller						
	1		$2 \cdot (4,08 + 1,95)$	12,06					
	2		$2 \cdot (3,95 + 3,42)$	14,74					
	3		$2 \cdot (5,49 + 3,46)$	17,90					
			halbes Haus	44,70					
			ganzes Haus	89,40					
		89,40	m Umfang der Räume im Keller						
			Erdgeschoß						
	4		$2 \cdot (4,06 + 2,00)$	12,12					
	5		$2 \cdot (4,00 + 3,42)$	14,84					
	6		$2 \cdot (5,54 + 3,31)$	17,70					
			Stall $(2,36 + 1,75)$	8,22					
			halbes Haus	52,88					
			ganzes Haus	105,76					
		105,76	m Umfang der Räume im Erdgeschoß und in den Ställen						
			Obergeschoß						
	7		$2 \cdot (4,06 + 2,00)$	12,12					
	8		$2 \cdot (4,00 + 3,42)$	14,84					
	9		$2 \cdot (3,00 + 3,51)$	13,02					
	10		$2 \cdot (2,48 + 3,51)$	11,98					
			halbes Haus	51,96					
			ganzes Haus	103,92					
		103,92	m Umfang der Räume im Obergeschoß						
			4. Abzug der Öffnungen für die Materialberech-nung.						
			Vollmauerwerk						
			Keller						
			4 Türen $4 \cdot 0,85$	3,40	0,12	0,41	1,80	0,74	
			2 Fenster $2 \cdot 0,95$	1,90	0,38	0,72	0,74	0,53	
			2 „ $2 \cdot 0,95$	1,90	0,38	0,72	0,33	0,24	
			4 „ $4 \cdot 0,46$	1,84	0,38	0,70	0,33	0,23	
			Erdgeschoß						
			2 Vordertüren $2 \cdot 0,95$	1,90	0,25	0,48	2,31	1,11	
			2 Stall- „ $2 \cdot 0,85$	1,70	0,25	0,43	1,80	0,77	
			6 Innen- „ $6 \cdot 0,97$	5,82	0,12	0,70	2,04	1,43	
			2 Stallfenster $2 \cdot 0,57$	1,14	0,25	0,29	0,79	0,23	
			Obergeschoß						
			6 Innentüren $6 \cdot 0,97$	5,82	0,12	0,70	2,04	1,43	
								6,71	
		6,7	cbm Öffnungen im Voll-mauerwerk aller Ge-schosse						

Pos.	Raum Nr.	Stück-zahl	Gegenstand	Länge m	Breite m	Fläche qm	Höhe m	Inhalt cbm	Abzug
			Hohlmauerwerk						
			Erdgeschoß						
			2 Hintertüren 2 · 0,90	1,80	0,31	0,56	2,20	1,23	
			4 Fenster 4 · 1,50	6,00	0,31	1,86	1,40	2,60	
			8 „ 8 · 0,57	4,56	0,31	1,41	0,79	1,11	
			Obergeschoß						
			2 Fenster 2 · 1,50	3,00					
			4 „ 4 · 1,05	4,20					
				7,20	0,31	2,23	1,40	3,12	
			2 „ 2 · 0,57	1,14	0,31	0,35	1,04	0,36	
								8,42	
		8,4	cbm Öffnungen im Hohl-						
			mauerwerk aller Ge-						
			schosse						
			5. *Berechnung des um-*						
			bauten Raumes.						
			Erdgeschoß	12,00	8,25	99,00	7,55	747,50	
			Mehrtiefe der Wasch-						
			küche 2 · 3,42	6,84	3,95	27,02	0,20	5,40	
			Ställe 2 · 2,86	5,72	2,00	11,44	2,50	28,60	
			Terrassen 2 · 3,14	6,28	2,00	12,56	0,73	9,17	
								790,67	
		791	cbm umbauter Raum						
			von Kellersohle bis						
			Oberkante Dachfuß-						
			boden einschl. der						
			Ställe u. Terrassen...						
			B. Massenberech-						
			nung.						
			Titel I. Erdarbeiten.						
			Gesamtfläche nach A 2			101,85			
			Stallfläche			11,32			
			Terrassen	6,28	2,00	12,56			
			Düngergruben 2 · 2,0	4,00	1,32	5,28			
						131,01	0,30	39,30	
1		39,3	cbm Mutterboden						
			Gesamtfläche nach A 2			101,85	1,39	141,57	
			Fundamenträume			76,24			
						25,61	0,15	3,84	
			Stallfläche			11,32			
			Stallräume			8,16			
						3,16	0,60	1,90	
			Terrasse	4,38					
			2 · 0,60	1,20					
			Terrassenfundament...	5,58	0,25	1,40	0,60	0,84	
			Mehrtiefe der Wasch-						
			küchen 2 · 13,51			27,02	0,20	5,40	
			zu übertragen					153,55	

Pos.	Raum Nr.	Stück-zahl	Gegenstand	Länge m	Breite m	Fläche qm	Höhe m	Inhalt cbm	Abzug
			Übertrag					153,55	
			Kohlenrutschen						
			$h = \dfrac{0,85 + 0,25}{2} = 0,55$						
			$2 \cdot 0,70$	1,40	0,52	0,73	0,55	0,40	
			Lichtschächte $2 \cdot 1,19$	2,38	0,52	1,24	0,52	0,64	
			Revisionsschacht	1,25	0,95	1,19	0,78	0,93	
			Düngergruben $2 \cdot 2,00$	4,00	1,32	5,28	0,80	4,22	
								159,74	
			Abzug Mutterboden...						39,30
			„ Terrassenauf-höhung	6,28	1,75	10,99	0,70		7,69
								46,99	46,99
2		112,8	cbm Baugrube........					112,75	
			Böschungsraum, Um-fang nach A 1	41,16	$\dfrac{0,50}{2}$	10,27	1,39	14,28	
3		14,3	cbm Boden der Bö-schung						
4		7,7	cbm Terrassenauffül-lung...............						
			Fläche des Kellers u. d. Ställe nach A 2			88,8			
5		88,8	qm Fläche des Kellers u. der Ställe einebnen						
			Titel II. Maurerarbeiten.						
			Gesamtfläche nach A 2			101,85			
			Fundamenträume			76,24			
						25,61	0,15	3,84	
7		3,8	cbm Fundamentmauer-werk ohne Ställe u. Terrassen						
			Gesamtfläche des Kel-lers nach A 2			111,13			
			Kellerräume nach A 2			88,84			
						22,29	2,05	45,69	
			Terrassenmauer.......	5,58	0,25	1,40	0,60	0,84	
			Treppenmauer vorn $2 \cdot 1,16$	2,32	0,12	0,28	2,50	0,70	
			Zulage für tiefere Wasch-küchen						
			$2 \cdot (3,95 + 0,12)$	8,14					
			$2 \cdot (3,42 + 0,41)$	6,02					
				14,16	0,12	1,70			
			$2 \cdot (3,42 + 0,12) + 0,30$	7,38	0,38	2,80			
						4,50	0,20	0,90	
			Abzug für Hohlwand $3,95 + 3,46 - 0,32$	7,09	0,30	2,13	2,05		4,37
			zu übertragen					48,13	4,37

Pos.	Baum Nr.	Stückzahl	Gegenstand	Länge m	Breite m	Fläche qm	Höhe m	Inhalt cbm	Abzug
			Übertrag					48,13	4,37
			Abzug für niedrigeres Stallfundament: Gesamtfläche			11,32			
			Stallräume			8,16			
						3,16	1,45		4,58
								8,95	8,95
8		39,2	cbm Vollmauerwerk des Kellers					39,18	
			Brandgiebelwand					4,37	
			Zuschlag für Mehrtiefe 3,95 — 0,16	3,79	0,30	1,14	0,20	0,23	
								4,60	
9		4,6	cbm Hohlmauerwerk des Kellers						
			Gesamtfläche nach A 2			110,44			
			Erdgeschoßräume nach A 2			90,50			
						19,94	2,75	54,84	
			Terrassenmauer über Terrain	5,58	0,25	1,40	0,73	1,02	
			Brüstung der Terrasse	5,58	0,12	0,67	0,80	0,54	
			Trennwand der Terrassen	1,88	0,12	0,23	2,00	0,46	
								56,86	
			Abzug für niedrigere Ställe						
			Gesamtfläche A 2			11,44			
			Raumfläche 2 · 4,13			8,26			
						3,18	0,45		1,43
			Abzug für Hohlwände 2 · (12,0 + 7,63 — 2,0 — 1,15)	32,96	0,31	10,22			
			7,63 — 0,44	7,19	0,30	2,16			
						13,38	2,75		36,80
								38,23	38,23
10		18,6	cbm Vollmauerwerk des Erdgeschosses					18,63	
11		36,8	cbm Hohlmauerwerk des Erdgeschosses ...						
			Gesamtfläche nach A 2			99,00			
			Obergeschoßräume nach A 2			81,80			
						17,20	2,75	47,30	
			Abzug für Hohlwände 2 · (12,0 + 7,63 — 2,0)	35,26	0,31	10,93			
			7,63 — 0,44)	7,19	0,30	2,16			
						13,09	2,75		36,00
			zu übertragen					47,30	36,00

Pos.	Raum Nr.	Stück-zahl	Gegenstand	Länge m	Breite m	Fläche qm	Höhe m	Inhalt cbm	Abzug
			Übertrag					47,30	36,00
			Abzug für die beiden hinteren Zwischen-wände 2 · 3,51	7,02	0,06	0,42	2,75		1,16
								37,16	37,16
12		10,1	cbm Vollmauerwerk des Obergeschosses					10,14	
13		36,0	cbm Hohlmauerwerk des Obergeschosses						
			Schornstein						
14		2,6	cbm Schornsteinmauer-werk 7,63 — 0,44	7,19	0,12	0,86	$\frac{4,50}{2}$	1,94	
15		1,9	cbm ½ starker Brand-giebel im Dachgeschoß						
			Aborttrennwände 2 · (1,21 + 0,95)	4,32	2,50	10,80			
			Treppenwangen rund.			5,00			
			Speisekammern 2 · (1,70 + 0,79)	4,98	2,50	12,45			
			Zwischenwände Ober-geschoß 2 · 3,51	7,02	2,75	19,30			
			Wangen der Bodentrep-pen 2 · 2,10	4,20	2,75	11,56			
			Stalltrennwände 2 · (11,5 + 0,80)	3,90	1,10	4,29			
						63,40			
			Abzug Speisekammer-, Abort- u. Kellertüren 6 · 0,77	4,62	1,94				8,96
			Stalltüren 2 · 0,60	1,20	1,10				1,32
			Trog 2 · 0,55	1,10	0,30				0,33
			Wandschrank 2 · 0,88	1,76	2,00				3,52
						14,13			14,13
						49,27			
16		49,3	qm ¼ Stein starke Wän-de						
17		2,5	2 Waschbottiche je 1,0 × 0,75 × 0,7 m groß qm ¼ Stein starke Wän-de der Spülbottiche .	3,62	0,70	2,53			
			Revisionsschacht 1,25 + 0,70	1,95	0,25	0,49	0,15	0,07	
			2 · (1,50 + 0,70)	4,40	0,25	1,10	0,63	0,69	
			Düngergruben 2 · (2,00 + 2 · 1,07)	8,28	0,25	2,07	0,95	1,97	
			2 · 1,50	3,00	0,12	0,36	0,90	0,32	
			zu übertragen					3,05	

Pos.	Raum Nr.	Stückzahl	Gegenstand	Länge m	Breite m	Fläche qm	Höhe m	Inhalt cbm	Abzug
			Übertrag					3,05	
			Kohlenrutschen						
			$2 \cdot (0,70 + 2 \cdot 0,40)$	3,00	0,12	0,36	0,55	0,20	
			Lichtschächte						
			$2 \cdot (1,19 + 2 \cdot 0,40)$	3,98	0,12	0,48	0,52	0,25	
								3,50	
18		3,5	cbm Zementmauerwerk						
			Kellergeschoß $\quad 4 \cdot 0,95$	3,80					
			$4 \cdot 0,46$	1,84					
				5,64	0,38	2,14			
			Erdgeschoß $\quad 4 \cdot 1,50$	6,00					
			$6 \cdot 0,57$	3,44					
			$2 \cdot 0,90$	1,80					
				11,24	0,31	3,48			
			$4 \cdot 0,57$	2,28					
			$2 \cdot 0,95$	1,90					
			$2 \cdot 0,85$	1,70					
				5,88	0,25	1,42			
			Obergeschoß $\quad 2 \cdot 1,50$	3,00					
			$4 \cdot 1,05$	4,20					
			$2 \cdot 0,57$	1,14					
				8,34	0,31	2,59			
						9,63	0,25	2,41	
19		2,4	cbm Stürze in Zement						
			Brandgiebel						
			$3.95 + 3,46 - 0,32$	7,09	0,06	0,43	2,05	0,88	
			$4,0 + 3,51 - 0,32$	7,19	0,06	0,43	5,50	2,37	
								3,25	
20		3,3	cbm Sandschüttung im Brandgiebel						
	$\frac{1}{3}$		lt. A 2			7,96			
			Stall			19,00			
						4,13			
			halbes Haus			31,09			
			ganzes Haus			62,18			
21		62,2	qm Ziegelflachschichtpflaster						
			Revisionsschacht	1,00	0,70	0,70			
			Düngergruben $\quad 2 \cdot 1,50$	3,00	0,94	2,82			
			Waschküchenbottiche						
			$2 \cdot 100$	2,00	0,75	1,50			
						5,02			
22		5,0	qm 12 cm starke Betonsohle						

Pos.	Raum Nr.	Stück-zahl	Gegenstand	Länge m	Breite m	Fläche qm	Höhe m	Inhalt cbm	Abzug
			Waschküchen lt. A. 2.			13,51			
			Terrassen	3,08	1,88	5,79			
			Kohlenrutschen	0,46	0,60	0,28			
			Lichtschacht	0,95	0,40	0,36			
						19,94			
			Abzug für Bottiche...	1,00	0,75				0,75
			Abzug für hintere Frei-treppe	1,07	0,72				0,77
						1,52			1,52
			halbes Haus			18,42			
			ganzes Haus			36,84			
			Abzug für Revisions-schacht			0,70			
						36,14			
23		36,1	qm 9 cm starke Beton-sohle						
24		4	Durchbrüche durch Massivdecken						
25		8	Durchbrüche durch Balkendecken						
26		4	Durchbrüche durch 38 cm starke Mauern						
27		8	Durchbrüche durch 25 cm starke Mauern						
28		30	Durchbrüche durch 12 cm starke Mauern						
29		20	m Leitungsschlitze-stemmen............						
			Revisionsschacht......	1,0	0,7	0,70			
			Deckelabzug	0,6	0,6	0,36			0,36
						0,34			
30		0,3	qm Gewölbe ½ Stein stark						
	1		Decke	1,95	1,86	3,63			
				1,01	0,30	0,30			
				1,37	1,05	1,44			
	2		lt. A 2			13,51			
	3		„ „ 2			19,00			
			halbes Haus			37,88			
			ganzes Haus			75,76			
			Abzug für Schornstein (A 2)			0,26			0,26
						75,50			
31		75,5	qm trägerlose Massiv-decke						
			Umfang lt. A 1	40,50					
32		40,5	m Hauptgesims	40,50					
			Abzug f. Lisenen 4·0,76	3,04					3,04
				37,46					
33		37,5	m Gurtgesims						

Pos.	Raum Nr.	Stück zahl	Gegenstand	Länge m	Breite m	Fläche qm	Höhe m	Inhalt cbm	Abzug
			$2 \cdot 6,00$	12,00					
			Abzug f. Lisenen $2 \cdot 0,76$	1,52					
				10,48					
34		10,5	m Zwischengesims						
			Terrasse $2 \cdot 4 \cdot 0,95$	7,60					
			Türen d. Ställe u. d.						
			Waschküchen $4 \cdot 0,85$	3,40					
				11,00					
35		11	m gemauerte Ziegelstu-fen						
			$2 \cdot 3 \cdot 1,05$	6,30					
36 u.90		6,3	m Kunststeinstufen						
			$0,28 \times 0,18$						
			$2 \cdot 1,25$	2,50					
37 u.91		2,5	m Kunststeinstufen						
			$0,45 \cdot 0,18$						
38		64	Türen- und Fensteran-lagen						
			$2 \cdot 2 \cdot (0,54 + 2 \cdot 0,46)$	5,84					
39		5,8	m Balkenisolierung...						
			Revisionsschachtinnen-fläche $2 \cdot (1,0 + 0,70)$	3,40	0,63	2,14			
			Kohlenrutschen						
			$2 \cdot (0,46 + 2 \cdot 0,40)$	2,52	0,43	1,08			
			Lichtschächte						
			$2 \cdot (0,95 + 2 \cdot 0,40)$	3,50	0,40	1,40			
						4,62			
40	1 2 3	4,6	qm Ausfugung........						
			Umfang nach A 3	12,06					
				14,74					
				17,90					
				44,70	1,80	80,46			
			Mehrtiefe der Wasch-küchen	14,74	0,20	2,95			
			Stall $2 \cdot (2,36 + 1,75)$	8,22	2,20	18,08			
			$2 \cdot (1,15 + 0,80)$	3,90	1,10	4,29			
			Brandgiebel	7,65	2,25	20,66			
			Schornstein	1,00	4,50	4,50			
						130,94			
			Abzug Spülbottiche						
			$1,06 + 0,81$	1,87	0,70				1,31
			tiefer liegender Trep-penflur						
			$1,15 + 2,06 + 2,40$	5,61	0,55				3,09
			Türen $2 \cdot 2 \cdot 0,85$	3,40	1,80				6,12
						10,52			10,52
			halbes Haus			120,42			
			ganzes Haus			240,84			
41		204,8	qm Fugen der Keller-u. Stallinnenwände glatt streichen						

Pos.	Raum Nr.	Stück-zahl	Gegenstand	Länge m	Breite m	Fläche qm	Höhe m	Inhalt cbm	Abzug
42		33,8	Schornsteinrohre $(2,05 + 2 \cdot 2,75 + 5,25) \cdot 4$ qm Innenflächen der russischen Rohre	51,20	0,66	33,80			
			Revisionsschacht $2 \cdot (1,50 + 1,20)$	5,40	0,78	4,21			
			Düngergruben $2 \cdot 2 \cdot (1,50 + 0,95)$	9,80	0,80	7,84			
			Spülbottiche $2 \cdot 2 \cdot (1,0 + 0,75)$	7,00	0,65	4,55			
			$2 \cdot (1,06 + 0,81)$	3,74	0,70	2,62			
			$2 \cdot (1,06 + 0,75)$	3,62	0,09	0,33			
						19,55			
43		19,6	qm Zementputz 2 cm stark						
44		7,3	Stallwände $2 \cdot 2 \cdot (1,75 + 2,36 + 1,15 + 0,80)$ qm Zementsockelputz 1,5 cm stark	24,24	0,30	7,27			
	2		Umfang lt. A 3	14,74					
			Bottich 0,75 + 1,00	1,75					
			Ställe $2 \cdot (2,36 + 1,75 + 1,95)$	12,12					
			Terrassen $3,08 + 2 \cdot 1,88 + 2,13$	8,97					
			halbes Haus	37,58					
			ganzes Haus	75,16					
45		75,2	m Zementhohlkehlen..						
			Aborte, Umfang $2 \cdot 2 \cdot (0,95 + 1,15)$	8,40					
			Eingangsflur $2 \cdot 2 \cdot$ $(2,15 + 3 \cdot 0,28 + 0,55)$	14,16					
				22,56					
			Abzug der Türen	4,62					4,62
				17,94					
46		17,9	m Zementfußleisten...						
	4		Umfang lt. A 3	12,12					
	5			14,84					
	6			17,70					
	7			12,12					
	8			14,84					
	9			13,02					
	10			11,98					
				96,62	2,50	241,55			
			tiefer liegender Treppenflur 1,05 + 2 · 2,15	5,3ᴱ	0,55	2,95			
			Abort 0,95 + 1,15	2,10	2,33	4,89			
			Treppenwange ca.	2,50	1,10	2,75			
			ca.	1,30	2,00	2,60			
			zu übertragen			254,74			

Pos.	Raum Nr.	Stück-zahl	Gegenstand	Länge m	Breite m	Fläche qm	Höhe m	Inhalt cbm	Abzug
			Übertrag			254,74			
			Speisekammer						
			1,70+1,64+0,79+0,73	4,86	2,50	12,15			
			Bodentreppenwangen						
			2 · 1,15	2,30	2,50	5,75			
						272,64			
			Abzug Innentüren						
			2 · 6 · 0,97	11,64	2,04				23,75
			Abort- usw. türen						
			2 · 3 · 0,77	4,62	1,94				8,96
			Bodentür 2 · 0,88	1,76	2,00				3,52
			Abzug			36,23			36,23
			halbes Haus			236,41			
			ganzes Haus			472,82			
47		472,8	qm innerer Wandputz						
	5		Umfang nach A 3	14,84					
	6			17,70					
	8			14,84					
	9			13,02					
	10			11,98					
			Speisekammer						
			2 · (0,7 + 1,5)	4,40					
			Erdgeschoßpodest.....	2,07					
			Zwischenpodest	4,00					
			Oberes Podest........	4,70					
			halbes Haus	87,55					
			ganzes Haus	175,10					
48 u. 113		175,1	m Holzfußleisten an-putzen						
49		22	Zimmertüren anputzen						
50		30	Fenster anputzen						
	2		Fenstersohlbank 2·1,15	2,30					
	3		2·1,15	2,30					
	1		4·0,66	2,64					
				7,24	0,30	2,17			
51		2,2	qm Zementfenstersohl-bank						
	4		Fläche nach A			8,12			
	5					13,68			
	6					19,45			
	7					8,12			
	8					13,68			
	9					10,53			
	10					8,70			
						82,28			
			Abzug Bodentreppe...	1,10	0,88				0,97
			Schornstein	0,82	0,32				0,26
						1,23			1,23
			halbes Haus			81,05			
			ganzes Haus			162,10			

Pos.	Raum Nr.	Stückzahl	Gegenstand	Länge m	Breite m	Fläche qm	Höhe m	Inhalt obm	Abzug
52	2	162,1	qm Rohrdeckenputz..						
			Fläche nach A 2......			13,51			
			Abzug Schornstein....	0,41	0,16	0,07			0,07
			halbes Haus			13,44			
			ganzes Haus			26,88			
53		26,9	qm Massivdeckenputz						
	4-10		siehe Pos. 51........			81,05			
	11					4,13			
						85,18			
			Abzug Treppenloch ...	2,10	1,10				2,31
			3 Stufen	0,80	0,90				0,72
						3,05			3,03
			halbes Haus			82,15			
			ganzes Haus			164,30			
54		164,3	qm Schutzabdeckung der Balkenlagen.....						
			Umfang lt. A 1	40,50	6,23	252,32			
			Stallseiten 4·2,0	8,00	2,30	18,40			
						270,72			
55		270,7	qm Außenflächen berüsten						
			Außenfläche nach Pos.55			270,72			
			Terrassenbrüstung 2·(4,38 + 0,72 + 0,84)	11,88	0,80	9,50			
			Terrassentrennwand 2·1,88	3,76	2,00	7,52			
						287,74			
56		287,7	qm Außenputz						
57			siehe Pos. 32.........						
58		40,5	m Hauptgesims putzen siehe Pos. 33						
59		37,5	m Gurtgesims putzen siehe Pos. 34						
		10,5	m Zwischengesims putzen 4·0,76	3,04	6,23	18,94			
60		18,9	qm Lisenenputz						
61		12	m Haustürumrahmung putzen						
62		1	Kunststeinverzierung einsetzen						
63		1	Schornsteinkopf putzen						
			Anschluß der Stalldächer 4·2,25	9,00					
			Schornstein 2·(1,12 + 0,44)	3,12					
				12,12					
64		12,1	m Nuten stemmen....						
65		350	Steinholzdübel 12 × 6,5 × 6,5 f. Fußleisten						

Pos.	Raum Nr.	Stück-zahl	Gegenstand	Länge m	Breite m	Fläche qm	Höhe m	Inhalt cbm	Abzug
66		130	Steinholzdübel 12 × 12 × 6,5 f. Türen....						
67		4	Steigeisen						
68		8	Schornsteintüren						
69		4	Lüftungsklappen......						
70		10	Tonrohrmuffen						
71		1	Schachtdeckel						
72		2	Roste der Kohlenrut-schen..............						
73		24	Stützhaken u. Fest-steller						
74		20	Gardinenhaken						
75		50	kg Kleineisen						
76		1	Kalkgrube von 10 cbm						
77		2	Baureinigungen						

Titel III.
Maurermaterial
(siehe Anlage Material-berechnung).

Pos.	Raum Nr.	Stück-zahl	Gegenstand	Länge m	Breite m	Fläche qm	Höhe m	Inhalt cbm	Abzug
79		61000	Hintermauerungssteine						
80		10260	kg gebrannter Kalk...						
81		9643	kg Zement						
82		75,1	cbm Sand						

Titel IV.
Asphaltarbeiten.

Pos.	Raum Nr.	Stück-zahl	Gegenstand	Länge m	Breite m	Fläche qm	Höhe m	Inhalt cbm	Abzug
			Umfang nach A 1.....	40,7	1,32	53,72			
84		53,7	qm Goudronanstrich..						
			Gebäudefläche lt. A 2 .			111,13			
			Raumgrößen			88,84			
						22,29			
			Terrassenmauer.......	5,58	0,25	1,40			
			Treppenmauer vorn 2 · 1,16	2,32	0,12	0,28			
						23,97			
85		24,0	qm Asphaltisolierpappe						

Titel V.
Staakerarbeiten.

Pos.	Raum Nr.	Stück-zahl	Gegenstand	Länge m	Breite m	Fläche qm	Höhe m	Inhalt cbm	Abzug
87			siehe Pos. 54........						
		164,3	qm Ausstaakung der Balkendecken						

Titel VI.
Steinmetz-, Terrazzo- u.
Fliesenarbeiten.

Pos.	Raum Nr.	Stück-zahl	Gegenstand	Länge m	Breite m	Fläche qm	Höhe m	Inhalt cbm	Abzug
89		1	Kunststeinverzierung .						
90			siehe Pos. 36........						
		6,3	m Kunststeinstufen 0,28 × 0,18						

Pos.	Raum Nr.	Stück-zahl	Gegenstand	Länge m	Breite m	Fläche qm	Höhe m	Inhalt cbm	Abzug
91		2,5	siehe Pos. 37 . . . . m Kunststeinstufen $0,45 \times 0,18$						
			$2 \cdot 0,95$	1,90	1,15	2,19			
			$2 \cdot 2,15$	4,30	1,05	4,52			
			$2 \cdot 0,77$	1,54	0,06	0,09			
						6,80			
92		6,8	qm Terrazzo						
93		2	Terrazzospülsteine						
			$2 \cdot (0,84 + 0,70)$	3,08	0,56	1,72			
94		1,7	qm Fliesenbekleidung .						
95		2	Steinzeugtröge						

Titel VII.
Zimmerarbeiten
(siehe Anlage Holzliste).

Pos.	Raum Nr.	Stück-zahl	Gegenstand	Länge m	Breite m	Fläche qm	Höhe m	Inhalt cbm	Abzug
97		5,4	cbm Balkenholz						
98		5,3	cbm Dachverbandholz						
99		293	m Balkenholz						
100		544	m Dachverbandholz . . . Dachflächen						
			$2 \cdot \dfrac{12,30 + 6,00}{2}$	18,30	6,50	118,95			
			$2 \cdot \dfrac{8,55}{2}$	8,55	5,80	49,59			
						168,54			
			Abzug Dachgaupen . . .						
			$4 \cdot 1,25$	5,00	1,30				6,50
			$4 \cdot \dfrac{1,25}{2}$	2,50	1,00				2.50
			Abzug Schornstein						
			$2 \cdot 1,12$	2,24	0,35				0,78
						9,78			9,78
						158,76			
		158,8	qm Dachfläche je 3 m Latten	476,4					
101		476,4	lfd. m Dachlatten						
			$4 \cdot 8,75$	35,0					
			$2 \cdot 2,50$	5,0					
				40,0					
102		40	m First u. Gratlatten						
			$8 \cdot \dfrac{1,60 + 1,00}{2}$	10,40	0,80	8,32			
			$8 \cdot \dfrac{0,80}{2}$	3,20	0,75	2,40			
						10,72			
103		10,7	qm Schalung der Gau- pen u. Stallgiebel 25 mm stark						

Pos.	Raum Nr.	Stück-zahl	Gegenstand	Länge m	Breite m	Fläche qm	Höhe m	Inhalt cbm	Abzug
104		2	Türen der Stallgiebel..						
			$4\cdot(2\cdot0,95+1,45+2\cdot1,0)$	21,4					
105		21,4	m Gesims der Gaupen.						
			Schornsteine $\quad 2\cdot1,32$	2,64					
			$4\cdot0,30$	1,20					
			Gaupen $\quad 4\cdot2\cdot1,35$	10,80					
			$4\cdot2\cdot1,80$	14,40					
				29,04	0,16	4,65			
106		4,7	qm Kehlschalung						
			Umfang lt. A 1	40,50					
			Ecken $\quad 8\cdot0,30$	2,40					
				42,90	0,15	6,44			
107		6,4	qm Traufbohlen						
			Umfang lt. A 1	40,50	0,30	12,15			
			Ecken $\quad 4\cdot0,30$	1,20	0,30	0,36			
			Ställe, Überstand						
			$4\cdot2,10$	8,40	0,15	1,26			
			Windbrett $\quad 4\cdot2,10$	8,40	0,20	1,68			
						15,45			
108		15,5	qm Dachüberstands-schalung 18 mm						
			$40,50 + 4\cdot2\cdot0,15$	41,70					
109		41,7	m Deckleisten						
	5		Fläche lt. A 2			13,68			
	6					19,45			
			Erdgeschoßpodest						
			$1,37 - 0,28$	1,09	1,05	1,14			
			Türen $\quad 3\cdot0,97$	2,91	0,12	0,35			
			halbes Haus			34,62			
			ganzes Haus			69,24			
			Abzug für Schornstein	0,82	0,32	0,26			0,26
						68,98			
110		69	qm kieferner Riemen-boden						
	7		Obergeschoß	2,0	1,0	2,00			
				2,0	0,9	1,80			
				1,1	0,8	0,88			
	8		lt. A 2			13,68			
	9					10,53			
	10					8,70			
			Türen $\quad 3\cdot0,97$	2,91	0,12	0,35			
			halbes Haus			37,94			
			ganzes Haus			75,88			
			Abzug Schornstein....	0,82	0,32				0,26
			Abzug Bodentreppe						
			$2\cdot0,88$	1,76	0,70				1,23
						1,49			1,49
						74,39			
111		74,4	qm Tannendielen						

Pos.	Raum Nr.	Stück-zahl	Gegenstand	Länge m	Breite m	Fläche qm	Höhe m	Inhalt cbm	Abzug
			Dachgeschoß	11,38	7,63	86,83			
			Ställe 2 · 2,36	4,72	2,00	9,44			
			Stallgiebel			4,00			
						100,27			
			Abzug Brandgiebel ...	7,63	0,12				0,92
			„ Schornstein....	1,00	0,44				0,44
			„ Bodentreppe						
			2 · 1,15	2,30	0,88				2,02
						3,38			3,38
						96,89			
112		96,89	qm rauher Dachfußbo-den						
113			siehe Pos. 48			175,1			
		175,1	m Holzfußleisten......						
114		4	Dachgaupen.........						
			Titel VIII.						
			Dachdeckerarbeiten.						
116			siehe Pos. 101						
		158,8	qm Dachdeckung.....						
117			siehe Pos. 102						
		40	qm Firste und Grate decken						
118		12	m Schneefangeisen						
119		2	vierpfannige Dachfen-ster						
120		12	Glasdachpfannen						
			Titel IX.						
			Klempnerarbeiten.						
			Umfang lt. A 1	40,50					
			8 · 0,60	4,80					
				45,30					
122		45,3	m Hängerinnen des Hauptdaches						
			4 · (2,00 + 0,15)	8,60					
123		8,6	m Hängerinnen d. Ställe						
			2 · 5,50	11,00					
124		11	m Abfallrohr 105 mm $\varnothing$						
			2 · 1,50	3,00					
125		3,0	m Abfallrohr 65 mm $\varnothing$ der Ställe..........						
126		2	Rinnenanschlüsse der äußeren Stalldächer..						
127		2	verzinkte Drahteinlauf-körbe 105 mm $\varnothing$....						
128		4	verzinkte Drahteinlauf-körbe 65 mm $\varnothing$ ...						

Pos.	Baum Nr.	Stück-zahl	Gegenstand	Länge m	Breite m	Fläche qm	Höhe m	Inhalt cbm	Abzug
			2 · 1,40	2,80					
129		2,8	m Standrohr 100 mm ⌀						
130		2,8	m Standrohr 65 mm ⌀						
			Kehlenschalung siehe Pos. 106			4,70			
			Schalung d. Gaupen siehe Pos. 103			10,72			
						15,42			
131		15,4	qm Zinkblechverklei-dung						
			Schornstein 2 · 1,12	2,24					
			4 · 0,30	1,20					
			Stalldächer 4 · 2,25	9,00					
				12,44	0,20	2,49			
132		2,5	qm Zinkaufkantung . . .						
			Titel X. Eisenguß u. Walzarbeiten.						
134		1	Schachtdeckel f. d. Re-visionsschacht						
135		2	Winkelschienen 35/35/4 mm je 0,95 m lang . . .						
			Titel XI. Schmiede-, Schlosser- u. Beschlag-arbeiten.						
			siehe Pos. 9					4,6	
			„ „ 11					36,8	
			„ „ 13					36,0	
								77,4	
			$\frac{77,4}{0,31}$ = rd. 250 qm zu je 4 Ankern = 1000						
137		1000	Drahtanker						
138		24	Balken- u. Pfettenanker						
139		6	Zuganker						
140		4	Steigeisen						
141		8	Schornsteintüren						
142		4	Lüftungsklappen						
143		2	Roste der Kohlenrut-schen						
144		20	Gardinenhaken						
145		150	kg Kleineisenzeug						
	1		4 einflüglige Fenster 4 · 2	8					
	2		2 zwei- „ „ 2 · 4	8					
	3		2 „ „ „ 2 · 4	8					
	4-11		12 ein- „ „ 12 · 2	24					
			4 zwei- „ „ 4 · 4	16					
			6 drei- „ „ 6 · 6	36					
	Dach		4 zwei- „ „ 4 · 4	16					
				116					
146		116	Fischbänder für Fenster						

Pos.	Raum Nr.	Stückzahl	Gegenstand	Länge m	Breite m	Fläche qm	Höhe m	Inhalt cbm	Abzug
			Fenster 2 · 116	232					
			Blendläden 8 · 4	32					
				264					
147		264	Winkel						
	1		4 · 0,46 · 0,33	4					
	2		2 · 0,95 · 0,74	8					
	3		2 · 0,95 · 0,33	4					
	4-11		12 · 0,57 · 0,79	24					
	Dach		4 · 1,05 · 0,70	16					
				56					
148		56	Vorreiber						
			6 · 1,50 · 1,40 (Mittel-flügelfest)	12					
			4 · 1,05 · 1,40	8					
149		20	Basküleverschlüsse ...						
			siehe Pos. 146						
			$\frac{116}{2} - 6 = 52$						
150		52	Sturmhaken für Fen-ster						
			8 · 2 = 16						
151		16	Kreuzbänder für Blend-läden						
152		8	Sturmhaken für Blend-läden						
153		8	Wandpuffer für Blend-läden						
154		8	Feststeller für Blend-läden						
			Zimmertüren	12					
			Bodentüren	2					
			Kellertüren	2					
				16					
155		16	Einsteckschlösser für Innentüren..........						
			Kellertüren	6					
			Stalltüren...........	2					
				8					
156		8	Kastenschlösser f. Bret-tertüren						
			Aborttüren..........	2					
			Speisekammertüren ...	2					
				4					
157		4	Knopfriegelschlösser...						
158		4	Haustürschlösser......						
159		4	Riegelverschlüsse für Stall- u. Heuboden-türen...............						

Pos.	Raum Nr.	Stück-zahl	Gegenstand	Länge m	Breite m	Fläche qm	Höhe m	Inhalt cbm	Abzug
160		48	$2 \cdot (16 + 4 + 4) = 48$ Türfischbänder....... siehe Pos. 156 u. 159.						
161		24	$2 \cdot (8 + 4) = 24$ Langbänder						
			Titel XII. *Tischlerarbeiten.*						
163	1	4	$4 \cdot 0{,}46$ einfl. Fenster je $0{,}46 \times 0{,}33$	1,84	0,33	0,61			
164	2	2	$2 \cdot 0{,}95$ zweifl. Fenster je $0{,}95 \times 0{,}74$	1,90	0,74	1,41			
165	3	2	$2 \cdot 0{,}95$ zweifl. Fenster je $0{,}95 \times 0{,}33$	1,90	0,33	0,63			
166	4-11	12	$12 \cdot 0{,}57$ einfl. Fenster je $0{,}57 \times 0{,}79$	6,84	0,79	5,40			
167		4	$4 \cdot 1{,}05$ zweifl. Fenster je $1{,}05 \times 1{,}40$	4,20	1,40	5,88			
168		6	$6 \cdot 1{,}50$ dreifl. Fenster je $1{,}50 \times 1{,}40$	9,00	1,40	12,60			
169		4	$4 \cdot 1{,}05$ zweifl. Fenster je $1{,}05 \times 0{,}70$	4,20	0,70	2,94			
						29,47			
170		8	Blendläden $8 \cdot 0{,}75$ Blendläden je $0{,}75 \times 1{,}40$	6,0	1,40	8,4			
171		12	Innentüren $0{,}90 \times 2{,}00$m groß mit Futter u. Bekleidung.........						
172		2	Innentüren $0{,}80 \times 1{,}96$ m groß wie 171......						
173		6	Abort- usw. türen $0{,}70$ $\times 1{,}90$ m groß wie 171						
174		6	Brettertüren im Keller u. Stall $0{,}78 \times 1{,}77$ m groß in 12 cm Wänden						
175		2	Brettertüren im Keller u. Stall $0{,}78 \times 1{,}77$ m groß in 6,5 cm Wänden						
176		2	vordere Haustüren $0{,}95$ $\times 2{,}31$ m groß						
177		2	hintere Haustüren $0{,}90$ $\times 2{,}20$ m groß						
178		2	innere Stalltüren $0{,}60$ $\times 1{,}10$ m groß						

Pos.	Raum Nr.	Stück-zahl	Gegenstand	Länge m	Breite m	Fläche qm	Höhe m	Inhalt cbm	Abzug
179		2	Geschoßtreppen je 15 Steigungen 18,3×28 cm groß						
180		2	Kellertreppen je 7 Steigungen 21,5 × 26 cm groß						
181		2	Bodentreppen je 12 Steigungen 23 × 13 cm groß						
182		12,5	Handgeländer am Treppenloch im I. Stock 2 · 2,25	4,50	0,88	3,96			
183		4,0	qm Unterschalung der Bodentreppe .... 2 · (2 · 1,25 + 0,88)	6,76					
184		6,8	m Geländer im Dachboden .... 2 · (1,80 + 0,35)	4,30	0,85	3,66			
185		3,7	qm Verschalung der Wandschränke						
186		2	Schranktüren je 0,85 × 1,75 m groß 2 · 2,35	4,70	0,25	1,18			
187		1,2	qm Verkleidung der Treppenwechsel 8 · 0,57	4,56					
			6 · 1,50	9,00					
			4 · 1,05	4,20					
				17,76	0,26	4,62			
			2 · 0,57	1,14	0,20	0,23			
						4,85			
188		4,9	qm Fensterbretter						
189			**Titel XIII.** **Glaserarbeiten.** siehe Pos. 169			29,47			
			2 eiserne Dachfenster 2 · 0,66	1,32	0,35	0,46			
						29,93			
190		29,9	qm Fensterverglasung						
			Vordere Haustür 2 · 0,50	1,00	0,55	0,55			
			Oberlicht 2 · 0,95	1,90	0,35	0,66			
			hintere Haustür 2 · 0,50	1,00	1,00	1,00			
			Kellertür 2 · 0,30	0,60	0,30	0,18			
						2,39			
191		2,4	qm Türverglasung						
193			**Titel XIV.** **Malerarbeiten.** siehe Pos. 190 2 · 29,9			59,8			
		59,8	qm Fensteranstrich ...						
			Fensterfutter						
			12 · (0,79 + 2 · 0,57)	25,80					
			6 · (1,50 + 2 · 1,40)	25,80					
			zu übertragen	51,60					

3*

Pos.	Raum Nr.	Stück-zahl	Gegenstand	Länge m	Breite m	Fläche qm	Höhe m	Inhalt cbm	Abzug
			Übertrag	51,60					
			$4 \cdot (1,05 + 2 \cdot 1,40)$	15,40					
			$4 \cdot (1,05 + 2 \cdot 0,70)$	9,80					
				76,80	0,10	7,68			
			Fensterbretter Pos. 188			4,90			
194		12,6	qm Anstrich d. Fenster-futter u. Fensterbretter			12,58			
			$2 \cdot 8,40$			16,80			
195		16,8	qm Anstrich d. Blend-läden						
			Türen siehe Pos. 171						
			$12 \cdot 1,17$	14,04	2,14	30,05			
			Türen siehe Pos. 172						
			$2 \cdot 1,08$	2,16	2,10	4,54			
			Türen siehe Pos. 173						
			$6 \cdot 0,97$	5,82	2,04	11,87			
			Türen siehe Pos. 174 u. 175 $8 \cdot 0,85$	6,80	1,80	12,24			
			Türen siehe Pos. 176						
			$2 \cdot 0,95$	1,90	2,31	4,39			
			Türen siehe Pos. 177						
			$2 \cdot 0,90$	1,80	2,20	3,96			
			einseitig			67,05			
			zweiseitig			134,10			
			Futter $12 \cdot (0,90 + 2 \cdot 2,00)$	58,80					
			$2 \cdot (0,80 + 2 \cdot 1,96)$	9,44					
				68,24	0,16	10,92			
			$6 \cdot (0,70 + 2 \cdot 1,90)$	27,00	0,11	2,97			
			$6 \cdot (0,78 + 2 \cdot 1,77)$	25,92	0,12	3,11			
			$2 \cdot (0,78 + 2 \cdot 1,77)$	8,64	0,07	0,60			
			$2 \cdot (0,95 + 2 \cdot 2,31)$	11,14					
			$2 \cdot (0,90 + 2 \cdot 2,20)$	10,60					
				21,74	0,06	1,30			
196		153	qm Anstrich der Türen, Futter u. Bekleidun-gen			153,00			
197		14	Steigungen der Keller-treppen anstreichen..						
198		30	Steigungen der Geschoß-treppen anstreichen siehe Pos. 182.......						
199		12,5	m Geländer streichen siehe Pos. 185 u. 187			3,70			
			$2 \cdot 2 \cdot 0,85$	3,40	1,75	5,96			
						1,20			
						10,86			
200		10,9	qm Verschalung strei-chen						

Pos.	Raum Nr.	Stück-zahl	Gegenstand	Länge m	Breite m	Fläche qm	Höhe m	Inhalt c³ m	Abzug
			siehe Pos. 110			69,0			
			„ „ 111			74,4			
201		143,4	qm Holzfußboden strei-chen			143,4			
202		21,0	siehe Pos. 113 .... qm Holzfußleisten strei-chen	175,1	0,12	21,01			
203		15,5	siehe Pos. 108 .... qm Dachüberstand streichen			15,5			
204		4	siehe Pos. 112 .... qm rauhe Schalung der Stallgiebel streichen .			4,0			
205		4	Dachgaupen streichen						
206		2,2	siehe Pos. 46 .... qm Zementfußleisten streichen	17,90	0,12	2,15			
207		12	siehe Pos. 118 .... m Schneefangeisen strei-chen	12					
			Rinnen siehe Pos 122	45,3	0,29	13,14			
			„ „ „ 123	8,6	0,22	1,89			
			Abfallrohr siehe Pos. 124	11,0	0,33	3,63			
			„ „ „ 125	3,0	0,20	0,60			
			Zinkverkleidung siehe Pos. 131			15,40			
			Zinkaufkantung siehe Pos. 132			2,50			
			Entlüftungsrohre 4·0,60	2,40	0,25	0,60			
			Hauben-Zinkpfannen ca.			0,20			
			Bogenknie usw. ca.			1,50			
						39,46			
208		39,5	qm Zinkanstrich						
209		2,8	siehe Pos. 129 .... m Standrohr anstrei-chen von 100 mm ∅	2,8					
210		2,8	siehe Pos. 130 .... m Standrohr anstrei-chen von 65 mm ∅	2,8					
211		0,6	2·0,57 qm Lichtschachtrost streichen............	1,14	0,50	0,57			
212		0,4	qm Schachtdeckel u. Zar-gen streichen	0,65	0,65	0,42			
213		1,9	2·0,95 m Eisenschienen strei-chen	1,90					
214		4	Lüftungsklappen strei-chen						
215		2	Abortspülkästen strei-chen						

Pos.	Raum Nr.	Stückzahl	Gegenstand	Länge m	Breite m	Fläche qm	Höhe m	Inhalt cbm	Abzug
	4		Decken laut A 2			8,12			
	5		,, ,, ,, ...			13,68			
	6		,, ,, ,, ...			19,45			
	7		,, ,, ,, ...			8,12			
	8		,, ,, ,, ...			13,68			
	9		,, ,, ,, ...			10,53			
	10		,, ,, ,, ...			8,70			
	4		Umfang ,, A 1	12,12					
	5		,, ,, ,, ...	14,84					
	6		,, ,, ,, ...	17,70					
	7		,, ,, ,, ...	12,12					
	8		,, ,, ,, ...	14,84					
	9		,, ,, ,, ...	13,02					
	10		,, ,, ,, ...	11,98					
			Abort $2 \cdot (1,15 + 0,95)$	4,20					
				100,82	0,10	10,08			
			Speisekammer $2 \cdot (1,50 + 0,70)$	4,40	2,50	11,00			
						103,36			
			Abzug Schornstein....						0,26
			,, Treppenloch...	1,15	0,88				1,01
						1,27			1,27
			halbes Haus			102,09			
			ganzes Haus			204,18			
217		204,2	qm weißer Wand- u. Deckenanstr. u. Abort						
	4-10		Umfang siehe Pos. 217	100,82	2,40	241,97			
			Abzug für Türen siehe Pos. 195 ... $12 \cdot 1,17$	14,04	2,14				30,05
				1,08	2,10				2,27
			$4 \cdot 0,97$	3,88	2,04				7,92
				0,95	2,31				2,20
				0,90	2,20				1,98
			Abzug für Holzfußleisten siehe Pos. 202						10,50
			Abzug für Zementfußleisten siehe Pos. 206						1,10
						56,02			56,02
			halbes Haus			185,95			
			ganzes Haus			371,90			
218		371,9	qm Wandfläche farbig streichen u. tupfen...						
219		200	m farbige Abschlußlinien zum Nachweis..						
220		75,5	Massivdecke lt. Pos. 31 qm Untersicht der Massivdecke weißen......			75,5			
			Titel XV. Installationsarbeiten.						
222		2	m Steinzeugrohr 150 mm $\varnothing$						

Pos.	Raum Nr.	Stückzahl	Gegenstand	Länge m	Breite m	Fläche qm	Höhe m	Inhalt cbm	Abzug
223		22	m Steinzeugrohr 125 mm Ø						
224		47	m Steinzeugrohr 100 mm Ø						
225		3	Übergangsstücke 150 auf 125 mm Ø						
226		6	Bögen 125 mm Ø....						
227		2	Abzweige 125 auf 125 mm Ø						
228		2	Abzweige 125 auf 100 mm Ø						
229		2	Übergangsstücke 125 auf 100 mm Ø						
230		18	Bögen 100 mm Ø....						
231		4	Abzweige 100 auf 100 mm Ø						
232		41,5	m Drainrohr 100 mm Ø						
233		1	Anschluß an den Schmutzwasserkanal .						
234		1	Anschluß an den Regenwasserkanal						
235		1	Revisionsstück 150 mm mit 2 Abzweigen 150 mm Ø						
236		1	Revisionsstück 150 mm mit 1 Abzweig 150 mm Ø						
237		2	Bodeneinläufe der Waschküchen						
238		2	Bodeneinläufe der Terrassen						
239		2	Stallentwässerungen...						
240		18	m gußeiserne Rohre von 100 mm Ø						
241		6,5	m gußeiserne Rohre von 50 mm Ø						
242		2	Abzweige von 100 auf 100 mm Ø						
243		2	Sprungrohre von 100 mm Ø						
244		4	Bögen von 100 mm Ø						
245		2	Abzweige von 100 auf 50 mm Ø						
246		2	Reduzierstücke von 100 auf 65 mm Ø						
247		2	Reduzierstücke von 100 auf 50 mm Ø						
248		2	Sprungrohre von 50 mm Ø						
249		2	Terrazzospülbecken anschließen						

Pos.	Raum Nr.	Stückzahl	Gegenstand	Länge m	Breite m	Fläche qm	Höhe m	Inhalt cbm	Abzug
250		2	Eckausgußbecken liefern						
251		2	Ablaufventile der Spülbecken in den Waschküchen						
252		0,5	m Bleiabflußrohr von 50 mm $\varnothing$						
253		2	Bleibögen von 50 mm $\varnothing$						
254		2	Entlüftungsrohre von 100 mm $\varnothing$						
255		2	Fayence Aborttrichter						
256		24	m schmiedeeisernes Rohr von 20 mm $\varnothing$ ..						
257		28	m schmiedeeisernes Rohr von 13 mm $\varnothing$.						
258			Formstücke der Pos. 252—257						
259		0,3	m Bleirohr von 13 mm $\varnothing$						
260		2	Wasseruhren						
261		2	Messingabsperrhähne v. 20 mm $\varnothing$						
262		4	Messingzapfhähne von 13 mm $\varnothing$						
263		2	Messingzapfhähne von 13 mm $\varnothing$ mit Schlauchverschraubung						
264		6	m schmiedeeisernes Gasrohr von 32 mm $\varnothing$ ..						
265		2,5	m schmiedeeisernes Gasrohr von 26 mm $\varnothing$ ..						
266		4	m schmiedeeisernes Gasrohr von 20 mm $\varnothing$ ..						
267		3	m schmiedeeisernes Gasrohr von 13 mm $\varnothing$ ..						
268			Formstücke d. Pos. 264—267						
269		2	Gasschlauchhähne von 13 mm $\varnothing$						
270		2	Gasuhren einbauen ...						
			Titel XVI. *Heizungsanlagen.*						
272		2	eiserne Kochherde						
273		2	Waschküchenherde....						
274		4	Dauerbrandöfen						
			Titel XVII. Insgemein.						
276		98	$2 \cdot 40 + 18$ .... m Spriegelzaun mit Hecke	98					
277		6	Obstbäume						
278		250	qm Garten rigolen....						
279		1	Baubude...........						

Anlage I. Berechnung der Maurermaterialien.

Pos.	An-zahl	Gegenstand	Hinter-maue-rungs-steine	Kalk-mörtel 1:3 hl	Zement-mörtel 1:2 hl	Zement-mörtel 1:3 hl	Verl. Zement-mörtel 1 1:6 hl	Beton 1:9 cbm
7	3,8	cbm Fundamentmauerwerk						
8	39,2	cbm Vollmauerwerk d. Kellers						
10	18,6	cbm Vollmauerwerk d. Erdgeschosses						
12	10,1	cbm Vollmauerwerk d. Obergeschosses						
15	1,9	cbm ½ Stein starker Brandgiebel						
	73,6							
	6,7	cbm Abzug für Öffnungen lt. A 4						
	66,9	cbm Vollmauerwerk, je 400 Steine u. 280 l Mörtel	26700	187,3				
9	4,6	cbm Hohlmauerwerk d. Kellers						
11	36,8	cbm Hohlmauerwerk d. Erdgeschosses ...						
13	36,0	cbm Hohlmauerwerk d. Obergeschosses ..						
	77,4							
	8,4	cbm Abzug für Öffnungen lt. A 4						
	69,0	cbm Hohlmauerwerk, je 340 Steine u. 240 l Mörtel.............	23460	165,6				
14	2,6	cbm Schornstein, je 350 Steine u. 245 l Mörtel	910	6,4				
16	49,3	qm ¼ Stein starke Wand, je 32 Steine u. 20 l Zementmörtel 1:3	1578			9,9		
17	2,5	qm ¼ Stein starke Wand wie vor	80		0,5			
18	3,5	cbm Zementmauerwerk, je 400 Steine u. 280 l Mörtel.............	1400			9,8		
19	2,4	cbm Zementmauerwerk, je 280 l Mörtel.....				6,7		
21	62,2	qm Flachschichtpflaster je 32 Steine u. 17 l Zementmörtel ..	1990			10,6		
		zu übertragen	56118	359,3	0,5	37,0		

Pos.	Anzahl	Gegenstand	Hintermauerungssteine	Kalkmörtel 1:3 hl	Zementmörtel 1:2 hl	Zementmörtel 1:3 hl	Verl. Zementmörtel 1:1:6 hl	Beton 1:9 cbm
		Übertrag	56118	359,3	0,5	37,0		
22	5	qm Betonsohle 12 cm stark						0,6
	5	qm Zementestrich 1:2 von 3 cm Stärke, je 35 l Zementmörtel			1,8			
23	36,1	qm Betonsohle 9 cm stark						3,2
	36,1	qm Zementestrich 1:3 von 3 cm Stärke, je 35 l Zementmörtel				12,6		
30	0,3	qm Gewölbe ½ Stein stark, je 60 Steine u. 55 l Mörtel	18			0,2		
31	75,5	qm Massivdecken je 2 Flach- u. 2 Rollschichten pro qm, je 44 Steine u. 50 l Zementmörtel 1:3	3322			37,8		
35	11	m Stufen aus Rollschicht und Flachschicht, je 20 Steine und 20 l Zementmörtel 1:3	220			2,2		
36	6,3	m Kunststeinstufen 28/18 cm versetzen, je 6 l Zementmörtel 1:3				0,4		
37	2,5	m Kunststeinstufen 45/18 cm versetzen, je 12 l Zementmörtel 1:3				0,3		
39	5,8	m Balkenisolierung, je 6 Steine und 5 l Kalkmörtel 1:3	35	0,3				
40	4,6	qm Ausfugen, je 5 l Zementmörtel 1:3				0,2		
41	240,8							
42	33,8							
	274,6	qm Kellerwand glatt streichen, je 5 l Kalkmörtel 1:3		13,7				
43	19,6	qm Zementputz, je 20 l Zementmörtel 1:2			3,9			
44	7,3	qm Zementputz, je 20 l Zementmörtel 1:3				1,5		
		zu übertragen	59713	373,3	6,2	92,2		3,8

Pos.	Anzahl	Gegenstand	Hintermauerungssteine	Kalkmörtel 1:3 (hl)	Zementmörtel 1:2 (hl)	Zementmörtel 1:3 (hl)	Verl. Zementmörtel 1:1:6 (hl)	Beton 1:9 (cbm)
		Übertrag	59713	373,3	6,2	92,2		3,8
45	75,2	m Zementhohlkehlen, je 2 l Zementmörtel 1:2			1,5			
46	17,9	m Zementfußleisten, je 3 l Zementmörtel 1:2			0,5			
47	472,8	qm inneren Wandputz, je 17 l Kalkmörtel 1:3		80,4				
51	2,2	qm Fenstersohlbänke, je 17 l Zementmörtel 1:3				0,4		
52	162,1	qm Deckenputz auf doppeltem Rohrgewebe, je 30 l Kalkmörtel 1:3		48,6				
53	26,9	qm Massivdeckenputz, je 20 l verl. Zementmörtel 1:1:6					5,4	
56	287,7	qm Außenputz, je 25 l Zementmörtel 1:3				71,9		
63	1	Schornsteinkopf zu putzen				1,0		
		Sa.	59713	502,3	8,2	165,5	5,4	3,8
		für Verluste und Unvorhergesehenes	1287	7,7	0,8	4,5	0,6	0,2
		Sa.	61000	510,0	9,0	170,0	6,0	4,0
				je 20 kg gebr. Kalk und 0,094 cbm Sand	je 73 kg Zement u. 0,1 cbm Sand	je 47 kg Zement u. 0,1 cbm Sand	je 10 kg gebr. Kalk u. 24 kg Zement u. 0,095 cbm Sand	je 213 kg Zement u. 1,35 cbm loser Kies u. Sand
79	61000	Hintermauerungssteine		10200			60	
80	10260	kg gebrannter Kalk..		10260				
					657	7990	144	852
81	9643	kg Zement..				9643		
				47,9	0,9	17,0	0,6	5,4
						71,8		
		Zuschlag für Pos. 20				3,3		
82	75,1	cbm Sand und Kiessand				75,1		

Anlage II. Holzliste.

Stückzahl	Holzstärke	Einzel-länge	Gesamt-länge	Gegenstand	Holzstärken																	
					$\frac{13}{20}$	$\frac{10}{20}$	$\frac{7}{20}$	$\frac{15}{18}$	$\frac{10}{18}$	$\frac{7}{18}$	$\frac{12}{14}$	$\frac{6}{14}$	$\frac{12}{14}$	$\frac{12}{12}$	$\frac{10}{12}$	$\frac{10}{10}$	$\frac{6}{12}$	$\frac{8}{11}$	$\frac{8}{16}$	$\frac{5}{10}$	$\frac{5}{15}$	$\frac{5}{20}$
10	$\frac{10}{18}$	3,83	38,30	Küchenbalken Erdgeschoß ……					38,30													
2	$\frac{10}{18}$	4,61	9,22	Küchenbalken Erdgeschoß ……					9,22													
2	$\frac{15}{18}$	3,83	7,66	Küchenbalken unter der Wand ……				7,66														
2	$\frac{7}{18}$	3,83	7,66	Küchenbalken an der Wand ……						7,66												
2	$\frac{7}{18}$	3,61	7,22	Küchenbalken an der Wand ……						7,22												
1	$\frac{7}{18}$	7,38	7,38	Wohnzimmer ……						7,38												
2	$\frac{10}{18}$	7,38	14,76	„ ……					14,76													
2	$\frac{10}{18}$	9,14	18,28	„ ……					18,28													
2	$\frac{10}{18}$	5,94	11,88	„ ……					11,88													
2	$\frac{7}{18}$	5,10	10,20	„ ……						10,20												
2	$\frac{10}{18}$	2,24	4,48	Treppenpodest ……					4,48													
2	$\frac{10}{18}$	1,31	2,62	Treppenwechsel ……					2,62													
2	$\frac{10}{18}$	1,40	2,80	Schornsteinwechsel					2,80													
2	$\frac{12}{14}$	2,65	5,30	Stall ……							5,30											
4	$\frac{6}{14}$	2,65	10,60	„ ……								10,60										
4	$\frac{10}{20}$	8,00	32,00	Durchgehende Balken Obergeschoß.		32,00																
			190,36	zu übertragen		32,00		7,66	102,34	32,46	5,30	10,60										

Stück	Querschn.	Länge	m	Bezeichnung														
			190,36	Übertrag		32,00		7,66	102,34	32,46	5,30	10,60						
4	10/20	8,05	32,20	Durchgehende Balken Obergeschoß .		32,20												
2	13/20	8,00	16,00	Binderbalken	16,00													
2	13/20	8,05	16,10	„	16,10													
2	10/20	3,85	7,70	an der Treppe		7,70												
2	10/20	3,40	6,80	„ „ „		6,80												
2	10/20	1,75	3,50	Wechsel an der Treppe		3,50												
2	7/20	3,50	7,00	Wandbalken			7,00											
2	7/20	3,95	7,90	„			7,90											
2	10/20	1,90	3,80	Schornsteinwechsel		3,80												
2	7/20	0,70	1,40	„			1,40											
8	12/12	2,60	20,80	Stiele des Dachverbandes										20,80				
4	12/12	3,00	12,00	Streben										12,00				
8	6/12	4,35	34,80	Binderzangen													34,80	
4	10/10	2,40	9,60	Firststiele												9,60		
2	10/12	2,30	4,60	Firstpfette											4,60			
2	12/14	8,80	17,60	Mittelpfetten									17,60					
2	12/14	3,80	7,60	Walmpfetten									7,60					
4	10/10	6,00	24,00	Traufpfetten												24,00		
16	8/11	1,05	16,80	Kopfbänder														16,80
8	8/11	6,40	51,20	Sparren														51,20
4	8/11	3,40	13,60	„														13,60
2	8/11	5,60	11,20	„														11,20
			516,56	zu übertragen	32,10	86,00	16,30	7,66	102,34	32,46	5,30	10,60	25,20	32,80	4,60	33,60	34,80	92,80

Holzstärken

Stückzahl	Holzstärke	Einzel-länge	Gesamt-länge	Gegenstand	$\frac{13}{20}$	$\frac{10}{20}$	$\frac{7}{20}$	$\frac{15}{18}$	$\frac{10}{18}$	$\frac{7}{18}$	$\frac{12}{14}$	$\frac{6}{14}$	$\frac{12}{14}$	$\frac{12}{12}$	$\frac{10}{12}$	$\frac{10}{10}$	$\frac{6}{12}$	$\frac{8}{11}$	$\frac{8}{16}$	$\frac{5}{10}$	$\frac{5}{15}$	$\frac{5}{20}$
			516,56	Übertrag	32,10	86,00	16,30	7,66	102,34	32,46	5,30	10,60	25,20	32,80	4,60	33,60	34,80	92,80				
4	$\frac{8}{16}$	8,40	33,60	Gratsparren......															33,60			
4	$\frac{8}{11}$	5,80	23,20	Schiftsparren.....														23,20				
4	$\frac{8}{11}$	4,10	16,40	,, ...														16,40				
4	$\frac{8}{11}$	2,45	9,80	,, ...														9,80				
4	$\frac{8}{11}$	0,80	3,20	,, ...														3,20				
4	$\frac{8}{11}$	4,55	18,20	Walmschifter.....														18,20				
4	$\frac{8}{11}$	3,15	12,60	,, ...														12,60				
4	$\frac{8}{11}$	1,95	7,80	,, ...														7,80				
4	$\frac{8}{11}$	0,70	2,80	,, ...														2,80				
2	$\frac{8}{11}$	1,80	3,60	Sparrenwechsel (Gaupe)........														3,60				
2	$\frac{8}{11}$	1,25	2,50	Sparrenwechsel (Gaupe)........														2,50				
2	$\frac{8}{11}$	1,80	3,60	Sparrenwechsel (Schornstein).....														3,60				
2	$\frac{8}{11}$	3,60	7,20	Sparren an den Hintergaupen....														7,20				
4	$\frac{8}{11}$	2,90	11,60	Sparren an den Vordergaupen ...														11,60				
8	$\frac{12}{12}$	1,00	8,00	Gaupenpfosten										8,00								
8	$\frac{10}{10}$	1,00	8,00	Gaupenrahmen (Seiten)												8,00						
			688,66	zu übertragen	32,10	86,00	16,30	7,66	102,34	32,46	5,30	10,60	25,20	40,80	1,60	11,60	34,80	215,30	33,60			

Stück	Querschn.	Länge	cbm	Bezeichnung	1	2	3	4	5	6	7	8	9	10	11	12	13	14	15	16	17	18
			688,66	Übertrag	32,10	86,00	16,30	7,66	102,34	32,46	5,30	10,60	25,20	40,80	4,60	41,60	34,80	215,30	33,60			
4	$\frac{10}{10}$	1,35	5,40	Gaupenrahmen (vorn)												5,40						
16	$\frac{5}{10}$	1,15	18,40	Bohlensparren.....																18,40		
8	$\frac{5}{10}$	1,75	14,00	Kehlbohlen																14,00		
48	$\frac{5}{15}$	1,30	65,00	Aufschieblinge der Sparren																	65,00	
4	$\frac{5}{20}$	1,60	6,40	Aufschieblinge der Gratsparren......																		6,40
12	$\frac{8}{11}$	2,25	27,00	Sparren des Stalles														27,00				
4	$\frac{10}{10}$	1,90	7,60	Fußpfetten des Stalles												7,60						
2	$\frac{12}{14}$	2,05	4,10	Firstpfetten des Stalles									4,10									
			836,56																			
				Sa.	32,10	86,00	16,30	7,66	102,34	32,46	5,30	10,60	29,30	40,80	4,60	54,60	34,80	242,30	33,60	32,40	65,00	6,40
					292,76 lfd. m								543,80 lfd. m									
				cbm	0,83	1,72	0,23	0,21	1,84	0,42	0,09	0,07	0,43	0,63	0,06	0,55	0,24	2,18	0,44	0,16	0,52	0,06
					5,41 cbm								5,27 cbm									
Pos.	97	5,4		cbm Balkenholz ...																		
,,	98	5,3		cbm Dachverband.																		
,,	99	293		m Balken																		
,,	100	544		m Dachhölzer																		

Pos.	Stück-zahl	Gegenstand	Betrag			
			1914		1919	
			einzeln Mk.	im ganzen Mk.	einzeln Mk.	im ganzen Mk.
		C. Kostenberechnung *Titel I. Erdarbeiten.*				
1	39,3	cbm Mutterboden über der Baugrube 0,30 m tief abschachten und im Garten einebnen je............	0,60	23,58	3,5	137,55
2	112,8	cbm gewachsenen Boden der Baugrube und der Fundamentgräben ausschachten und abfahren...........	1,4	157,92	7,5	846,00
3	14,3	cbm gewachsenen Boden der Böschungen und des Arbeitsraumes ausschachten, beiseite setzen und nach Ausführung des Mauerwerks lagenweise wieder einbringen und feststampfen..............je	0,70	10,01	4,0	57,20
4	7,7	cbm gewachsenen Boden der Baugrube ausschachten, beiseite setzen und nach Ausführung des Mauerwerks in den Terrassenraum lagenweise einbringen, feststampfen und die Oberfläche einebnen.................je	0,70	5,39	4,0	30,80
5	88,8	qm Fläche der Keller- und Stallräume vor Aufbringen des Pflasters einebnen...je	0,15	13,32	1,0	88,80
6		für Unvorhergesehenes u. zur Abrundung		9,78		39,65
		Summe Titel I. Erdarbeiten		220,00		1200,00
		Titel II. Maurerarbeiten.				
7	3,8	cbm Mauerwerk der Fundamente (ohne die Ställe und die Terrassen) aus Hintermauerungssteinen in Kalkmörtel 1:3 herstellen und den dazu nötigen Mörtel bereiten.................je	3,05	11,59	20,0	76,00
8	39,2	cbm Vollmauerwerk des Kellers einschl. der Fundamente der Ställe und Terrassen und einschl. der ½ Stein starken Innenwände wie Pos. 7 herstellen ....je	3,05	119,56	20,0	784,00
		zu übertragen		131,15		860,00

Pos.	Stück-zahl	Gegenstand	Betrag 1914 einzeln Mk.	1914 im ganzen Mk	1919 einzeln Mk	1919 im ganzen Mk
		Übertrag		131,15		860,00
9	4,6	cbm 0,30 m starkes Hohlmauerwerk mit 6 cm Luftschicht als Brandgiebel im Keller herstellen und dabei auf je 1 qm Doppelwand 4 Drahtanker zur Verbindung der beiden 0,12 m starken Wände vermauern, sonst wie Pos. 7 . . . . je	3,20	14,72	2,20	101,20
10	18,6	cbm Vollmauerwerk des Erdgeschosses einschl. des aufgehenden Stall- und Terrassenmauerwerks und der ½ Stein starken Wände wie Pos. 7 herstellen . . . . je	3,30	61,38	2,20	409,20
11	36,8	cbm Hohlmauerwerk des Erdgeschosses der Außenwände mit 7 cm Luftschicht und des Brandgiebels mit 6 cm Luftschicht wie Pos. 9 herstellen . . . . je	3,50	128,80	24,0	883,20
12	10,1	cbm Vollmauerwerk des Obergeschosses wie Pos. 10 herstellen . . . . je	3,80	38,38	27,0	272,70
13	36,0	cbm Hohlmauerwerk wie Pos. 11 herstellen . . . . je	4,0	144,00	29,0	1044,00
14	2,6	cbm Schornsteinmauerwerk des Dachgeschosses mit 4 russischen Rohren von je 0,13 × 0,20 m Querschnitt wie Pos. 7 herstellen . . . . . je	4,5	11,70	32,0	83,20
15	1,9	cbm ½ Stein starken Brandgiebel im Dachgeschoß wie Pos. 7 herstellen . . . . je	4,5	8,55	32,0	60,80
16	49,3	qm ¼ Stein starke Wände im Erd- und Obergeschoß (nach Abzug der Türen gemessen) ohne Eiseneinlagen in Zementmörtel 1:3, sonst wie Pos. 7 herstellen . . . . je	0,90	44,37	3,0	147,90
17	2,5	qm ¼ Stein starke Wände der Spülbottiche in den Waschküchen mit Bandeiseneinlagen in jeder Schicht in Zementmörtel 1:2, sonst wie Pos. 7 herstellen . . . . je	1,3	3,25	5,0	12,50
		zu übertragen		586,30		3874,70

Pos.	Stück-zahl	Gegenstand	Betrag 1914		Betrag 1919	
			einzeln Mk.	im ganzen Mk.	einzeln Mk	im ganzen Mk.
		Übertrag	586,30			3874,70
18	3,5	cbm Mauerwerk des Revisionsschachtes, der Düngergruben und der Kohlenrutschen und Lichtschächte in Zementmörtel 1:3, sonst wie Pos. 7 herstellen ....je	4,0	14,00	29,0	101,50
19	2,4	cbm Mauerwerk der scheitrechten Tür- und Fensterstürze in Zementmörtel 1:3 statt in Kalkmörtel herstellen als Zulage zu den Pos. 8—13..................je	1,0	2,40	10,0	24,00
20	3,3	cbm reinen Mauersand liefern und nach Aufführung und Abbinden der Brandgiebel in deren Hohlräume zur Schalldämpfung schütten je	5,0	16,50	20,0	66,00
21	62,2	qm Pflaster der Keller und Ställe aus Ziegelflachschicht in Sandbettung herstellen und die Fugen 3 cm tief mit Zementmörtel 1:3 vergießen und verfugen einschl. Sandlieferung und Mörtelbereitung ....je	0,8	49,76	3,0	186,60
22	5,6	qm 12 cm starke Betonsohle des Revisionsschachtes, der Düngergruben und der Waschbottiche im Mischungsverhältnis von 1 Teil Zement zu 9 Teilen Kiessand und Ziegelbrocken mit 3 cm starker geplätteter Zementsteinschicht 1:2 herstellen einschl. Bereitung des Betons und des Estrichmörtels ....je	1,3	6,50	3,0	15,00
23	36,1	qm 9 cm starke Betonsohle der Waschküchen und Terrassen mit 3 cm starker geriffelter Feinschicht wie Pos. 22 herstellen ....je	0,7	25,27	2,8	101,80
24	4	Durchbrüche durch die massiven Kellerdecken herstellen und nach Verlegen der Installationsleitungen wieder dicht vermauern....je	0,9	3,60	4,0	16,00
		zu übertragen		704,33		4385,60

Pos.	Stück-zahl	Gegenstand	Betrag 1914		Betrag 1919	
			einzeln Mk.	im ganzen Mk.	einzeln Mk.	im ganzen Mk.
		Übertrag		704,33		4385,60
25	8	Durchbrüche durch Balkendecken wie Pos. 24.....je	0,7	5,60	3,5	28,00
26	4	Durchbrüche durch 38 cm starke Mauern wie Pos. 24 je	1,1	4,40	4,0	16,00
27	8	Durchbrüche durch 25 cm starke Mauern wie Pos. 24 je	0,9	7,20	4,0	32,00
28	30	Durchbrüche durch 12 cm starke Mauern wie Pos. 24 je	0,5	15,00	2,0	60,00
29	20	m Schlitze für Leitungen in den aufgehenden Wänden stemmen und nach Verlegen der Leitungen mit Ziegelbrocken und Kalkmörtel bis zur Rohbauflucht wieder vermauern ....je	0,4	8,00	2,0	40,00
30	0,3	qm Gewölbe des Revisionsschachtes ½ Stein stark (nach Abzug des Schachtdeckels gemessen) in Zementmörtel 1:3 herstellen einschl. Bereitung des Mörtels...............je	2,0	0,60	7,5	2,25
31	75,5	qm trägerlose Massivdecke aus je 2 Flachschichten und 2 Rollschichten mit Bandeiseneinlage in jeder Fuge von Wand zu Wand gespannt aus Hintermauerungssteinen in Zementmörtel 1:3 auf Schalung herstellen, nach dem Abbinden die Schalung beseitigen und die Decke bis 6 cm über den Rollschichten mit trockener Koksasche auffüllen einschl. Mörtelbereitung und Lieferung der Asche ......je	3,0	226,50	20,0	1510,00
32	40,5	m Hauptgesims nach Zeichnung aus zurechtgehauenen Hintermauerungssteinen beim Aufmauern der Außenwände vorkragen als Zulage zum Mauerwerk...je	0,3	12,15	2,0	81,00
33	37,5	m Gurtgesims wie Pos. 32 je	0,2	7,50	1,5	56,25
		zu übertragen		991,28		6211,10

Pos	Stück-zahl	Gegenstand	Betrag 1914		Betrag 1919	
			einzeln Mk.	im ganzen Mk.	einzeln Mk.	im ganzen Mk.
		Übertrag		991,28		6211,10
34	10,5	m Zwischengesims wie Pos. 32................je	0,2	2,10	1,5	15,75
35	11	m Stufen der Terrassen, Stalltüren und Waschküchentüren aus Ziegelflachschicht mit Rollschicht in Zementmörtel 1:3 mauern, sonst wie Pos. 7.............je	1,3	14,30	5,0	55,00
36	6,3	m Kunststeinstufen 0,28 × 0,18 m stark in verschiedenen Längen aufbringen und an den Auflagen in Zementmörtel vermauern, sonst wie Pos. 7 ....je	1,7	10,71	6,0	37,80
37	2,5	m Kunststeinstufen 0,45 × 0,18 m stark der vorderen Hauseingänge wie Pos. 36 je	1,8	4,50	6,0	15,00
38	64	Öffnungen der Türen und Fenster nach Zeichnung in den erforderlichen Größen, teils mit Anschlag anlegen, als Zulage zum Mauerwerk je	1,2	76,80	4,5	288,00
39	5,8	m Balken an den Schornsteinen 6 cm stark mit Ziegelsteinen in Kalkmörtel 1:3 isolieren, sonst wie Pos. 7 je	0,3	1,74	2,0	11,60
40	4,6	qm Innenfläche des Revisionsschachtes, der Lichtschächte und der Kohlenrutschen nach dem Aufmauern mit Zementmörtel 1:3 ausfugen ....je	0,2	0,92	1,0	4,60
41	240,8	qm Innenwände der Keller, Ställe und Brandgiebel im Dach während des Aufmauerns vollfugig mauern, die Fugen glattstreichen, das Mauerwerk vom Mörtel reinigen u. zweimal mit Kalkmilch weißen..........je	0,18	43,34	1,0	240,80
42	33,8	qm innere Wandungen der russischen Schornsteinrohre wie Pos. 41 herstellen, aber nicht weißen ....je	0,15	5,07	0,9	30,42
		zu übertragen		1150,76		6910,07

Pos.	Stück-zahl	Gegenstand	Betrag 1914 einzeln Mk.	im ganzen Mk.	1919 einzeln Mk.	im ganzen Mk.
		Übertrag		1150,76		6910,07
43	19,6	qm äußeren, 2 cm starken, wasserdichten Zementputz des Revisionsschachtes und inneren Zementputz der Düngergruben und der Waschbottiche in Zementmörtel 1 2 herstellen einschl. Bereitung des Mörtels...je	0,4	7,84	2,0	39,20
44	7,3	qm inneren, 1,5 cm starken Zementsockelputz in den Ställen in Zementmörtel 1:3 herstellen wie Pos. 43...je	0,3	2,19	1,8	13,14
45	75,2	m geglättete Zementhohlkehlen der Waschküchen, Ställe und Terrassen in Zementmörtel 1:2 herstellen wie Pos. 43 ....je	0,5	37,60	3,0	225,60
46	17,9	m glatte Zementfußleisten in den Erdgeschoßfluren und Aborten 12 cm hoch in Zementmörtel 1:2 herstellen, wie Pos. 43 ....je	0,5	8,95	3,0	53,70
47	472,8	qm glatten inneren Wandputz in Kalkmörtel 1:3 herstellen und filzen einschl. Mörtelbereitung und Rüstung (nach Abzug der Türen gemessen) ....je	0,35	165,48	1,3	614,64
48	175,1	m Holzfußleisten nach dem Anbringen durch den Zimmermann anzuputzen, als Zulage zu Pos. 47 ......je	0,09	15,76	0,5	87,55
49	22	Bekleidungen von Zimmertüren wie Pos. 48.......je	0,9	19,80	2,5	55,00
50	30	Fensterrahmen wie Pos. 48 je	0,9	27,00	3,0	90,00
51	2,2	qm schräge Fenstersohlbänke in Zementmörtel 1:3 putzen, als Zulage zu Pos. 47 ...je	0,4	0,88	2,5	5,50
52	162,1	qm Untersichten der Balkendecken mit doppeltem Rohrgewebe benageln und mit Kalkmörtel 1:3 mit Gipszusatz glatt putzen und filzen einschließlich Bereiten des Mörtels, Liefern des Gipses und Vorhalten der Rüstung je	0,65	105,37	2,0	324,20
		zu übertragen		1541,63		8418,60

Pos.	Stück-zahl	Gegenstand	Betrag 1914 einzeln Mk	Betrag 1914 im ganzen Mk.	Betrag 1919 einzeln Mk.	Betrag 1919 im ganzen Mk.
		Übertrag		1541,63		8418,60
53	26,9	qm Massivdecken über den Waschküchen in verlängertem Zementmörtel (1 Zement, 1 Kalk und 6 Sand) putzen wie Pos. 52......je	0,55	14,80	2,0	53,80
54	164,3	qm Balkendecken während des Aufmauerns der Wände nach den Vorschriften der Berufsgenossenschaften mit Schwarten vorübergehend abdecken ....je	0,1	16,43	0,75	123,23
55	270,7	qm Außenflächen des Hauses wie Pos. 54 mit Stangengerüst einrüsten ....je	0,1	27,07	0,75	203,05
56	287,7	qm Außenwände mit Zementmörtel 1:3 glatt, 1,5 cm stark putzen und darüber einen feinen Spritzbewurf aufbringen einschl. Abschrägen der Fenstersohlbänke und Bereiten des Mörtels.......je	0,7	201,39	3,5	1006,95
57	40,5	m Hauptgesims nach Zeichnung mit Schablonen ziehen und spritzen als Zulage zu Pos. 56 ....je	0,4	16,20	2,0	81,00
58	37,5	m Gurtgesims wie Pos. 57 je	0,3	11,25	2,0	75,00
59	10,5	m Zwischengesims wie Pos. 57.................je	0,3	3,15	2,0	21,00
60	18,9	qm gequaderte Ecklisenen wie Pos. 57 ....je	0,3	5,67	1,5	28,35
61	12	m Umrahmung der vorderen Hauseingänge wie Pos. 57 je	0,4	4,80	1,8	21,60
62	1	ovale Kunststeinverzierung während der Putzarbeit in einer ausgesparten Mauernische versetzen, verankern und die Ränder anputzen wie Pos. 57 ....für		2,00		5,00
63	1	Schornsteinkopf über Dach putzen wie Pos. 57 einschl. besonderer Rüstung....für		5,00		25,00
64	12,1	m Nuten für Zinkanschlüsse des Schornsteins und der Stalldächer nachträglich stemmen................je	0,3	3,63	1,6	19,36
		zu übertragen		1853,02		10081,94

Pos.	Stückzahl	Gegenstand	Betrag			
			1914		1919	
			einzeln Mk	im ganzen Mk.	einzeln Mk	im ganzen Mk
		Übertrag		1853,02		10081,94
65	350	Steinholzdübel für Fußleisten 12 × 6,5 × 6,5 cm groß liefern und während des Aufmauerns vermauern ....je	0,05	17,50	0,5	175,00
66	130	Steinholzdübel für Türen, 12 × 12 × 6,5 cm groß wie Pos. 65 ....je	0,05	6,50	0,5	65,00
67	4	Steigeisen des Revisionsschachtes vermauern ....je	0,15	0,60	1,00	4,00
68	8	Schornsteinreinigungstüren, desgl. ....je	0,4	3,20	1,0	8,00
69	4	Lüftungsklappen in den Küchen und Waschküchen, desgl. ....je	0,6	2,40	1,5	6,00
70	10	Tonrohrmuffen 10 cm ⌀ zum Anschluß der Schornsteine liefern und vermauern...je	0,18	1,80	0,8	8,00
71	1	gußeisernen Schachtdeckel des Revisionsschachtes vermauern ....für		1,50		3,00
72	2	schmiedeeiserne Roste mit Zargen auf den Kohlenrutschen, desgl. ....je	1,5	3,00	3,5	7,00
73	24	Stütz- und Feststellhaken der Blendläden, desgl........je	0,15	3,60	1,0	24,00
74	20	Gardinenhaken, desgl.....je	0,10	2,00	0,5	10,00
75	50	kg anderes Kleineisenzeug, Balkenanker usw., desgl. je	0,15	7,50	1,0	50,00
76	1	Kalkgrube von 10 cbm Inhalt zweiteilig aus ½ Stein starken Wänden herstellen und wieder beseitigen einschließlich Erdarbeit ..für		25,00		100,00
77	2	Baureinigungen nach Fertigstellung des Rohbaues und des inneren Ausbaues ...je	15	30,00	100	200
78		für Unvorhergesehenes und zur Abrundung		42,38		258,06
		Summe Titel II, Maurerarbeiten		2000,00		11000,00
		Titel III. Maurermaterial.				
79	61000	gute hartgebrannte Hintermauerungssteine frei Bau liefern, je 1000...........	25,0	1525,00	130	7930,00
80	10260	kg gebrannten Kalk zum Löschen wie Pos. 79, je 100 kg	1,8	184,68	10,0	1026,00
		zu übertragen		1709,68		8956,00

Pos.	Stückzahl	Gegenstand	Betrag 1914 einzeln Mk.	1914 im ganzen Mk	1919 einzeln Mk	1919 im ganzen Mk.
		Übertrag		1709,68		8956,00
81	9643	kg Zement wie Pos. 79 je 100 kg ....je	4,0	385,72	22,0	2121,46
82	75,1	cbm scharfen Mauer- und Putzsand und Betonkies wie Pos. 79 ....je	3,5	262,85	20,0	1502,00
83		für Unvorhergesehenes und zur Abrundung		42,75		420,54
		Summe Titel III, Maurermaterial		2400,00		13000,00
		Titel IV. Asphaltarbeiten.				
84	53,7	qm Außenflächen des Kellermauerwerks zweimal mit heißem Goudron gut deckend streichen und den Goudron liefern ....je	0,65	34,91	2,5	134,25
85	24	qm gekieste Asphaltisolierpappe von 4 mm Pappenstärke liefern und auf allen Kellerwänden 2 Schichten über Fußboden mit 6 cm breit überdeckten und verklebten Stößen verlegen je	0,7	16,80	4,0	96,00
86		für Unvorhergesehenes und zur Abrundung		8,29		19,75
		Summe Titel IV, Asphaltarbeiten		60,00		250,00
		Titel V. Staakerarbeiten.				
87	164,3	qm Balkendecken mit 2 cm starken, borkefreien Schwarten auf anzunagelnden Latten ausstaaken, 8 cm hoch mit Strohlehm dicht betragen und bis Oberkante Balken mit reinem Sand oder trockener Koksasche auffüllen einschl. Lieferung aller Materialien ....je	1,2	197,16	6,5	1067,95
88		für Unvorhergesehenes und zur Abrundung		2,84		32,05
		Summe Titel V, Staakerarbeiten		200,00		1100,00
		Titel VI. Steinmetz-, Terrazzound Fliesenarbeit.				
89	1	Kunststeinverzierung an der Vorderfront nach Modell liefern ....für		25,00		150,00
		zu übertragen		25,00		150,00

Pos.	Stück-zahl	Gegenstand	Betrag 1914 einzeln Mk.	im ganzen Mk.	Betrag 1919 einzeln Mk.	im ganzen Mk.
		Übertrag		25,00		150,00
90	6,3	m Kunststeinstufen 28 × 18 cm stark mit je 2 Rundeiseneinlagen und fein scharrierten Ansichtsflächen aus Granitvorsatzbeton in verschiedenen Längen liefern. je	7,5	47,25	45,0	283,50
91	2,5	m Kunststeinstufen der vorderen Hauseingänge 0,45 × 0,18 cm stark in 2 Stücken wie Pos. 90 .... je	10,0	25,00	60,0	150,00
92	6,8	qm 3 cm starken Terrazzo aus verschiedenfarbigen Marmorstückchen und Zement in den Eingangsfluren auf Massivdecken herstellen, sauber schleifen und zweimal ölen einschl. Lieferung aller Materialien ....je	5,0	34,00	30,0	204,00
93	2	Terrazzospülsteine der Küchen 0,50 × 0,70 m i. L. groß liefern und anbringen je	9,0	18,00	50,0	100,00
94	1,7	qm Wandbekleidung aus 14 × 14 cm großen, farbig glasierten Tonfliesen in Zementmörtel 1:3 über den Spülsteinen in den Küchen ansetzen einschl. Lieferung aller Materialien ....je	10,0	17,00	75,0	127,50
95	2	Schweinetröge ca. 0,70 × 0,30 m groß aus gebranntem Steinzeug liefern und in Zement versetzen ....je	7,5	15,00	40,0	80,00
96		für Unvorhergesehenes und zur Abrundung		8,75		105,00
		Summe Titel VI, Steinmetzusw. Arbeiten............		190,00		1100,00
		Titel VII. Zimmerarbeiten.				
97	5,4	cbm Balken aus baukantigem gesunden Harzer, Thüringer oder rheinischem Tannenbauholz in Stärken und Längen nach der Holzliste geschnitten frei Baustelle liefern ....je	50	270,00	230	1242,00
98	5,3	cbm Dachverbandholz wie Pos. 97 ....je	47,5	251,75	210	1113,00
		zu übertragen		521,75		2355,00

Pos.	Stückzahl	Gegenstand	Betrag			
			1914		1919	
			einzeln Mk.	im ganzen Mk.	einzeln Mk.	im ganzen Mk
		Übertrag		521,75		2355,00
99	293	m Balkenholz der Pos. 97 nach Zeichnung abbinden, aufbringen und verlegen einschl. Lieferung der Holz- und Eisennägel und Anbringen der Anker ....je	0,30	87,90	1,40	410,20
100	544	m Dachverbandholz wie Pos. 99 einschl. Lieferung der Sparrennägel ....je	0,35	190,40	1,6	870,40
101	476,4	m scharfkantige tannene Dachlatten 2,5 × 5 cm stark liefern und für Pfannendach mit 8 cm langen Nägeln aufnageln ....je	0,09	42,88	0,6	285,84
102	40	m First und Gratlatten wie Pos. 101 ....je	0,12	4,80	0,7	28,00
103	10,7	qm einseitig gehobelte und gefederte Tannenschalung der Dachgaupen 25 mm stark liefern und anbringen je	2,0	21,40	15,0	160,50
104	2	Türen der Stallgiebel 0,7 × 1,2 m groß als Zulage zu Pos. 103 herstellen ....je	4,0	8,00	22,0	44,00
105	21,4	m Gesimse der Dachgaupen nach Zeichnung aus Tannenholz herstellen und anbringen.....................je	2,0	42,80	10,0	214,00
106	4,7	qm Ausschalung der Dachanschlüsse an die Gaupen und den Schornstein aus 23 mm starken, 16 cm breiten, rauhen Brettern liefern und anbringen..........je	2,3	10,81	15,0	70,50
107	6,4	qm 33 mm starke, 15 cm breite tannene Traufbohlen zur Befestigung der Rinnen liefern und anbringen...je	4,5	28,80	25,0	160,00
108	15,5	qm 18 mm starke, gehobelte und gefederte tannene Dachüberstandsschalung liefern und befestigen .....je	2,1	32,55	12,0	186,00
109	41,7	m 13 × 30 starke gehobelte tannene Deckleisten für Pos. 108 liefern und anbringen ....je	0,1	4,17	0,75	31,28
		zu übertragen		996,36		4815,72

Pos.	Stück-zahl	Gegenstand	Betrag			
			1914		1919	
			einzeln Mk.	im ganzen Mk	einzeln Mk.	im ganzen k.
		Übertrag		996,36		4815,72
110	69,0	qm kiefernen, 27 mm starken gehobelten und gefederten Riemenfußboden des Erdgeschosses in 11,7 cm breiten und teils 1,20 m, teils 1,80 m langen Brettern liefern und auf mitzuliefernden, 6 × 6 cm starken, tannenen Lagerhölzern verlegen und vernageln ......je	4,5	310,50	28,0	1932,00
111	74,4	qm 23 mm starke tannene Langdielung des Obergeschosses aus gehobelten, völlig trockenen, bis 15 cm breiten gefederten Brettern I. Wahl liefern, wagerecht auf den Balken verlegen und vernageln ....je	2,4	178,56	22,0	1636,80
112	96,9	qm rauhen, 23 mm starken Fußboden des Dachgeschosses, der Stalldächer und der Giebelverkleidung des Stalles in Brettern II. Wahl, sonst wie Pos. 111 ......je	2,1	203,49	20,0	1938,00
113	175,1	m 15 × 120 mm starke tannene, oben abgerundete Fußleisten liefern und auf den vermauerten Steinholzdübeln vernageln ....je	0,35	61,29	1,75	306,43
114	4	Dachgaupen in den Ansichtsflächen hobeln als Zulage zu Pos. 100............je	15,0	60,00	40,0	160,00
115		für Unvorhergesehenes und zur Abrundung		39,90		211,05
		Summe Titel VII, Zimmerarbeiten		1850,00		11000,00
		Titel VIII. *Dachdeckerarbeiten.*				
116	158,8	qm gelattete Dachflächen mit naturroten holländischen Dachpfannen eindecken und mit verlängertem Zementmörtel (1:1:6) mit Haarzusatz dicht verstreichen einschl. Lieferung aller Materialien ....je	1,8	285,84	10,0	1588,00
		zu übertragen		285,84		1588,00

Pos.	Stückzahl	Gegenstand	Betrag			
			1914		1919	
			einzeln Mk.	im ganzen Mk.	einzeln Mk.	im ganzen Mk.
		Übertrag		285,84		1588,00
117	40	m Firste und Grate mit Gratziegeln wie Pos. 116. je	1,5	60,00	7,5	300,00
118	12	m Schneefangeisen aus Bandeisen liefern und an der Straßenseite anbringen .. je	2,0	24,00	10,0	120,00
119	2	4pfannige eiserne Dachfenster liefern, mit Mennige streichen und einbauen.. je	10,0	20,00	45,0	90,00
120	12	gläserne Dachpfannen liefern und verlegen, als Zulage zu Pos. 116	1,0	12,00	3,5	42,00
121		für Unvorhergesehenes und zur Abrundung		8,16		60,00
		Summe Titel VIII, Dachdeckerarbeiten		410,00		2200,00
		Titel IX. *Klempnerarbeiten.*				
122	45,3	m vorgehängte Rinne des Hauptbaues ohne Traufblech, 29 cm im Zuschnitt breit, aus Zink Nr. 12 mit allen Gehrungen, Stutzen, Rinneisen usw. liefern und anbringen . . . . je	2,6	117,78	16,0	724,80
123	8,6	m vorgehängte Rinne der Ställe, 22 cm im Zuschnitt breit, wie Pos. 122 . . . . je	2,25	19,35	15,5	133,30
124	11	m Abfallrohr, 10,5 cm i. L. weit, aus Zink Nr. 12 liefern und alle 2 m am Mauerwerk mit 4 × 30 mm starken Schellen befestigen, einschl. aller Bogen und Knie . . . je	1,8	19,80	9,0	99,00
125	3	m Abfallrohr der Stalldächer 6,5 cm i. L. weit wie Pos. 124 . . . . je	1,4	4,20	7,5	22,50
126	2	Anschlüsse der äußeren Stalldächer an die Abfallrohre des Wohnhauses herstellen je	5,0	10,00	35,0	70,00
127	2	verzinkte Drahteinlaufkörbe von 105 mm ⌀ liefern und einbauen . . . . je	3,2	6,40	10,0	20,00
128	4	wie Pos. 127, aber 65 mm ⌀ je	2,8	11,20	9,0	36,00
		zu übertragen		188,73		1105,60

Pos.	Stück-zahl	Gegenstand	Betrag 1914 einzeln Mk	Betrag 1914 im ganzen Mk.	Betrag 1919 einzeln Mk.	Betrag 1919 im ganzen Mk.
		Übertrag		188,73		1105,60
129	2,8	m gußeiserne Standrohre des Wohnhauses von 100 mm $\varnothing$ in 2 Enden liefern, zwischen Tonrohrleitung und Zinkabfallrohr einbauen und an der Wand befestigen ....je	3,0	8,40	15,0	42,00
130	2,8	m wie Pos. 129 für die Ställe, aber 65 mm i. L. weit....je	2,6	7,28	13,0	36,40
131	15,4	qm Zinkverkleidung der Seitenwände und Dächer der Gaupen und der Gaupenkehlen und Schornsteinkehlen aus Zink Nr. 12 auf Holzschalung herstellen..je	4,2	64,68	30,0	462,00
132	2,5	qm Aufkantung an den Dachanschlüssen des Schornsteins und der Ställe aus Zink Nr. 12 mit Kappstreifen liefern und mit verzinkten Eisen befestigen ....je	2,0	5,00	12,0	30,00
133		für Unvorhergesehenes und zur Abrundung		5,91		124,00
		Summe Titel IX, Klempnerarbeiten		280,00		1800,00
		Titel X. Eisenguß- und Walzarbeiten.				
134	1	gußeisernen leichten Deckel für den Revisionsschacht 0,60 × 0,60 m i. L. groß mit gegossener Zarge liefern .für		6,50		30,00
135	2	Schienen aus Winkeleisen, 35 × 35 × 4 mm, je 0,95 m lang, liefern ....je	3,0	6,00	15,0	30,00
136		für Unvorhergesehenes und zur Abrundung		2,50		5,00
		Summe Titel X, Eisenguß- und Walzarbeiten		15,00		75,00
		Titel XI. Schmiede-, Schlosser- und Beschlagarbeiten.				
137	1000	verzinkte Drahtanker aus 6 mm starkem Rundeisen je 35 cm lang mit 2 umgebogenen Enden liefern....je	0,04	40,0	0,30	300,00
		zu übertragen		40,0		300,00

Pos.	Stückzahl	Gegenstand	Betrag			
			1914		1919	
			einzeln Mk.	im ganzen Mk.	einzeln Mk.	im ganzen Mk.
		Übertrag	40,0			300,00
138	24	Balken- und Pfettenanker mit 35 cm langen Zugeisen von 6 × 25 mm Stärke und 25 cm langen Splinten von 15 mm ☐ Eisen mit Nägeln und Krammen liefern....je	0,8	19,20	3,5	84,00
139	6	Zuganker wie Pos. 138, aber mit 1 m langen Zugeisen..je	2,5	15,00	15,0	80,00
140	4	Steigeisen des Revisionsschachtes liefern ......je	0,75	3,00	3,0	12,00
141	8	doppelte Schornsteintüren (Patent John) für russische Rohre liefern..........je	0,75	6,00	4,00	32,00
142	4	Lüftungsklappen für die Wrasenrohre in den Küchen und Waschküchen liefern je	2,7	10,80	8,5	34,00
143	2	schmiedeeiserne, aufklappbare Roste mit Zargen für die Kohlenrutschen aus 6 × 20 mm starken Bandeisen liefern ....je	15,0	30,00	45,0	90,00
144	20	Gardinenhaken liefern....je	0,30	6,00	0,75	15,00
145	150	kg Kleineisenzeug wie Balkenklammern,Bolzen,Blendrahmenanker usw. liefern.je	0,38	57,00	2,5	375,00
146	116	Fischbänder mit losem Dorn für Fenster liefern und anschlagen ....je	0,23	26,68	0,9	104,40
147	264	eiserne Winkel von je 12 cm Schenkellänge für Fenster und Blendladen liefern und anschlagen ....je	0,03	79,20	0,15	396,00
148	56	Vorreiber mit Gleitdraht und Schraube wie vor ......je	0,05	2,80	0,25	14,00
149	20	aufgelegte Basküleverschlüsse mit Eisenolive, Rollkloben und Schließhaken wie vor ....je	1,4	28,00	8,0	160,00
150	52	Sturmhaken mit Öse wie vor je	0,13	6,76	0,75	39,00
151	16	Kreuzbänder mit Stützhaken für Fensterläden wie vor.je	0,7	11,20	4,0	64,00
152	8	kurze Sturmhaken für Fensterläden wie vor ......je	0,09	0,72	0,6	4,80
153	8	Wandpuffer liefern.......je	0,25	2,00	2,0	16,00
		zu übertragen		344,36		1820,20

Pos.	Stück-zahl	Gegenstand	Betrag			
			1914		1919	
			einzeln Mk.	im ganzen Mk	einzeln Mk.	im ganzen Mk.
		Übertrag		344,36		1820,20
154	8	Feststeller für Blendläden wie vor ....je	1,3	10,40	8,0	64,00
155	16	Einsteckschlösser mit Schließblech, Schlüsseln und Drükkern für aufgefalzte Innentüren liefern und anschlagen je	2,3	36,80	12,0	192,00
156	8	Kastenschlösser mit Drükkern, Schlüsseln und Schließhaken für Stall- und Kellertüren wie vor ....je	1,8	14,40	9,5	76,00
157	4	Knopfriegelschlösser mit Knopf und Schließblech für Abort und Speisekammertüren wie vor ....je	1,7	6,80	9,0	36,00
158	4	Einsteckschlösser für Haustüren mit besseren Drükkern und Schließblech wie vor ....je	6,0	24,00	40,0	160,00
159	4	Riegelverschlüsse für die inneren Stalltüren und die Futterbodentüren wie vor je	1,3	5,20	4,0	16,00
160	48	Fischbänder mit festem Dorn für aufgefalzte Türen wie vor ....je	0,36	17,28	2,75	132,00
161	24	Langbänder mit Stützhaken für Pos. 156 und 159 wie vor ....je	0,9	21,60	4,5	108,00
162		für Unvorhergesehenes und zur Abrundung		9,16		93,80
		Summe Titel XI, Schmiede- usw. Arbeiten...........		490,00		2700,00
		Titel XII. Tischlerarbeiten.				
163	4	einflüglige Fenster der Kohlenräume, je 0,46 × 0,33 m = 0,15 qm i. L. groß ohne Futter und Deckleisten nach besonderer Zeichnung aus möglichst astreinem polnischen Kiefernholz frei Bau liefern und nach dem Beschlagen einsetzen ......je	2,0	8,00	12,0	48,00
164	2	zweiflüglige Fenster der Waschküchen, je 0,95 × 0,74 m = 0,70 qm i. L. groß mit Quersprossen wie vor .je	9,0	18,00	56,0	112,00
		zu übertragen		26,00		160,00

Pos.	Stück-zahl	Gegenstand	Betrag 1914 einzeln Mk.	Betrag 1914 im ganzen Mk.	Betrag 1919 einzeln Mk.	Betrag 1919 im ganzen Mk.
		Übertrag	26,00			160,00
165	2	zweiflüglige Fenster der Vorratsräume, je 0,95 × 0,33 m = 0,31 qm i. L. groß wie vor ....je	4,0	8,00	24,0	48,00
166	12	einflüglige Fenster des Erdgeschosses und Obergeschosses je 0,57 × 0,79 m = 0,45 qm i. L. groß mit Quersprossen, Futter und Deckleisten wie vor ....je	7,0	84,00	54,0	648,00
167	4	zweiflüglige Fenster des Obergeschosses, je 1,05 × 1,40 m = 1,47 qm i. L. groß wie vor ....je	18,0	72,00	88,0	352,00
168	6	dreiflüglige Fenster des Erd- und Obergeschosses, je 1,50 × 1,40 m = 2,10 qm i. L. groß, die inneren Flügel fest, die äußeren zum Öffnen, sonst wie vor ....je	25,0	150,00	104,0	624,00
169	4	zweiflüglige Fenster der Dachgaupen je 1,05 × 0,70 m i. L. groß wie vor ......je	9,0	36,00	45,0	192,00
170	8	Blendläden der Vorderfront, je 0,75 × 1,40 m = 1,05 qm groß aus Rahmen und 8 mm starken Sperrholzfüllungen wie vor............je	12,0	96,00	64,0	512,00
171	12	Dreifüllungstüren der Zimmer, je 0,90 × 2,0 m im Falz groß, für 0,97 × 2,04 m große Maueröffnung in 12 cm starken Wänden mit Futter und beiderseitiger Bekleidung aus möglichst astreinem polnischen Kiefernholz mit abgesperrten 8 mm starken Füllungen und 33 mm starken Rahmenhölzern genau nach Zeichnung liefern und nach dem Beschlagen einsetzen und einpassen..je	25,0	300,00	130	1560,00
172	2	Innentüren zu den Bodentreppen, je 0,80 × 1,96 groß, für Maueröffnung 0,88 × 2,0 m, Größe wie vor...je	20,0	40,00	115	230,00
		zu übertragen		812,00		4326,00

Pos.	Stück-zahl	Gegenstand	Betrag			
			1914		1919	
			einzeln Mk.	im ganzen Mk.	einzeln Mk.	im ganzen Mk
		Übertrag		812,00		4326,00
173	6	Abort-Kellertreppen u. Speise-kammertüren, je 0,70 × 1,90 m groß, für 0,77 × 1,94 m große Maueröffnung in 6,5 cm starken Wänden wie vor ....je	18	108,00	105	630,00
174	6	Brettertüren der Ställe und Keller mit Futter ohne Be-kleidung in 25 und 12 cm starken Wänden, je 0,78 × 1,77 m groß, in 0,85 × 1,80 m großen Maueröffnungen wie vor ....je	14,0	84,00	80,0	480,00
175	2	Brettertüren zu den Kohlen-räumen in 6,5 cm starken Wänden, sonst wie Pos. 174 je	14,0	28,00	80	160,00
176	2	vordere Haustüren mit Blend-rahmen und Oberlichtfen-ster, je 0,95 × 2,31 m im Rohbau gemessen groß, wie vor ....je	70,0	140,00	250	500,00
177	2	hintere Haustüren, je 0,90 × 2,20 m im Rohbau groß, mit Blendrahmen und Glasfül-lung wie vor ....je	55	110,00	200	400,00
178	2	kleine Brettertüren in den Stalltrennwänden, je 0,60 × 1,10 m groß wie vor ....je	5,5	11,00	30	60,00
179	2	gewundene Geschoßtreppen mit je 15 Steigungen, 0,95 m breit aus 28 cm in der Mitte breiten und 35 mm starken Trittstufen mit 40 mm starken Wand- und 45 mm starken Freiwangen aus Buchenholz und 18,3 cm ho-hen, 18 mm starken Satz-stufen aus möglichst astrei-nem Tannenholz, gedrehtem Traillengeländer, gedrehtem Pfosten und poliertem Hand-lauf aus Buchen- oder Er-lenholz nach besonderer Zeichnung liefern und ein-bauen ....je	125	250,00	500	1000,00
		zu übertragen		1543,00		7556,00

Pos.	Stück-zahl	Gegenstand	Betrag			
			1914		1919	
			einzeln Mk.	im ganzen Mk.	einzeln Mk.	im ganzen Mk.
		Übertrag		1543,00		7556,00
180	2	gewundene Kellertreppen, 0,84 m breit, mit je 7 Steigungen in 21,5 × 26 cm Größe aus 26 cm breiten Trittstufen ohne Satzstufen mit einfachem Geländer und Handlauf wie vor ....je	38	76,00	200	400,00
181	2	Bodentreppen, 0,72 m breit, aus je 12 Steigungen in 23 × 13 cm Größe mit 15 cm breiten Trittstufen ohne Satzstufen und ganz einfachem Geländer aus gehobelten Latten wie vor...je	60	120,00	250	500,00
182	12,5	m Geländer um die Treppenlöcher des Obergeschosses aus gedrehten Traillen, Pfosten u. Handlauf wie in Pos. 179 liefern u. einbauen ..je	9,0	112,50	45,0	562,50
183	4	qm Unterschalung der Bodentreppen aus 18 mm starken, gefederten und beiderseitig gehobelten Tannenbrettern liefern und anbringen ...je	2,5	10,00	22,0	88,00
184	6,8	m einfaches Geländer um die Treppenlöcher des Dachbodens aus gehobelten Latten liefern und befestigen ....je	3,5	23,80	18,0	122,40
185	3,7	qm senkrechte und wagerechte Verschalung der Wandschränke unter den Bodentreppen aus einseitig gehobelten und gefederten, 18 mm starken Tannenbrettern liefern und einbauen.......je	2,5	9,25	22,0	81,40
186	2	Schranktüren je 0,85 × 1,75 m groß als Zweifüllungstüren wie Pos. 171 ....je	16,0	32,00	72,0	144,00
187	1,2	qm gehobelte, 18 mm starke tannene Verkleidung der Treppenwechsel liefern und anbringen ....je	2,5	3,00	20,0	24,00
188	4,9	qm 30 mm starke Fensterbretter liefern und anbringen................je	3,0	14,70	20,0	98,00
189		für Unvorhergesehenes und zur Abrundung		56,25		423,70
		Summe Titel XII, Tischlerarbeiten		2000,00		10000,00

Pos.	Stück-zahl	Gegenstand	Betrag			
			1914		1919	
			einzeln Mk.	im ganzen Mk.	einzeln Mk.	im ganzen Mk.
		Titel XIII. Glaserarbeiten.				
190	29,9	qm Holzfenster mit Sprossenteilung in der Maueröffnung gemessen mit rheinischem $^4/_4$ Glas II. Wahl verglasen und verkitten ....je	3,0	89,70	30,0	897,00
191	2,4	qm Füllungen und Oberlichte der äußeren Eingangstüren und der Kellertreppentüren wie vor verglasen ......je	3,5	8,40	30,0	72,00
192		für Unvorhergesehenes und zur Abrundung		1,90		31,00
		Summe Titel XIII, Glaserarbeiten ....je		100,00		1000,00
		Titel XIV. Malerarbeiten.				
193	59,8	qm einfache Fenster, beiderseitig gemessen, zweimal gut deckend mit weißer Leinölfarbe streichen und einmal lackieren ....je	0,8	47,84	6,5	388,70
194	12,6	qm Fensterfutter und Fensterbänke wie vor ......je	0,8	10,08	6,5	81,90
195	16,8	qm Blendläden farbig wie vor streichen und lackieren ..je	1,0	16,80	8,0	134,40
196	153	qm Flächen der Türen, Futter und Bekleidungen farbig wie vor streichen und lackieren und dabei einzelne Profile mit andersfarbigen Streifen absetzen ....je	0,9	137,70	7,0	1071,00
197	14	Steigungen der Kellertreppen einschl. Wangen und Handlauf einmal mit Leinölfirnis mit Farbzusatz streichen.je	0,9	12,60	5,0	70,00
198	30	Steigungen der Geschoßtreppen mit Wangen, Tritt- und Setzstufen, Pfosten und Traillengeländer zweimal mit Ölfarbe streichen und einmal lackieren ....je	1,8	54,00	7,5	225,00
199	12,5	m Geländer der Treppenöffnungen im Obergeschoß ohne Handlauf wie vor.......je	0,9	11,25	4,0	50,00
200	10,9	qm Verschalung der Wandschränke und Treppenwechsel und die Schranktüren wie Pos. 196 ....je	0,8	8,72	6,0	65,40
		zu übertragen		298,99		2086,40

5*

Pos.	Stück-zahl	Gegenstand	Betrag			
			1914		1919	
			einzeln Mk.	im ganzen Mk	einzeln Mk.	im ganzen Mk.
		Übertrag		298,99		2086,40
201	143,4	qm Holzfußboden des Erd- und Obergeschosses zweimal mit Ölfarbe streichen und einmal lackieren ....je	0,65	93,21	5,0	717,00
202	21	qm Holzfußleisten wie vor. je	0,9	18,90	6,0	126,00
203	15,5	qm Schalung der Dachüber- stände und Windbretter wie vor ....je	1,0	15,50	7,0	108,50
204	4	qm rauhe Giebelschalung der Ställe einmal mit Karboli- neum streichen ....je	0,6	2,40	7,0	28,00
205	4	Dachgaupen mit Gesimsen in den Ansichtsflächen zweimal mit Ölfarbe streichen und einmal lackieren ....je	3,0	12,00	15,0	60,00
206	2,2	qm Zementfußleisten zwei- mal mit Terpentinfarbe gut deckend streichen.......je	0,8	1,76	3,5	7,70
207	12	m Schneefangeisen zweimal mit Ölfarbe in Dachton strei- chen...................je	0,8	9,60	2,5	30,00
208	39,5	qm Zinkblech der Rinnen, Ab- fallrohre, Aufkantungen, Verschalungen usw. zwei- mal mit Ölfarbe streichen. je	0,5	19,75	2,8	110.60
209	2,8	m gußeisernes Standrohr von 100 mm $\varnothing$ zweimal mit Öl- farbe streichen ....je	0,20	0,56	0,60	1,68
210	2,8	m wie vor, aber von 65 mm $\varnothing$...................je	0,18	0,50	0,6	1,68
211	0,6	qm Lichtschachtroste einmal mit Asphaltlack streichen. je	2,0	1,20	10,0	6,00
212	0,4	qm eisernen Schachtdeckel mit Zarge wie Pos. 211...je	2,0	0,80	10,0	4,00
213	1,9	m Eisenschienen in den Schwellen der Hinterein- gänge wie Pos. 211 .....je	0,5	0,95	2,5	4,75
214	4	Lüftungsklappen zweimal mit Ölfarbe streichen ....je	1,0	4,00	5,0	20,00
215	2	Abortspülkästen einschl. Trä- ger und Ablaufrohr wie vor....................je	1,5	3,00	7,5	15,00
		zu übertragen		483,12		3327,31

Pos.	Stück-zahl	Gegenstand	Betrag 1914 einzeln Mk.	Betrag 1914 im ganzen Mk.	Betrag 1919 einzeln Mk.	Betrag 1919 im ganzen Mk.
216		Übertrag		483,12		3327,31
		für Anstrich der freiliegenden Rohrleitungen für Gas, Wasser und Entwässerung teils mit Ölfarbe, teils mit Asphaltlack zum Nachweis.......		18,00		100,00
217	204,2	qm nicht vorgeschlämmte Wand- und Deckenflächen weißen, seifen und mit weißer Leimfarbe gut deckend streichen ....je	0,11	22,46	0,8	163,36
218	371,9	qm Wandflächen wie Pos. 217, aber fertig streichen und tupfen ....je	0,22	81,82	1,2	446,28
219	200	m 3 cm breite farbige Abschlußlinien der Wandflächen herstellen ....je	0,05	10,00	0,3	60,00
220	75,5	qm Massivdecken der Keller mit Kalkmilch weißen...je	0,05	3,78	0,3	22,65
221		für Unvorhergesehenes und zur Abrundung		30,82		180,40
		Summe Titel XIV, Malerarbeiten....................		650,00		4300,00

Titel XV.
Installationsarbeiten.

Pos.	Stück-zahl	Gegenstand	1914 einzeln Mk.	1914 im ganzen Mk.	1919 einzeln Mk.	1919 im ganzen Mk.
222	2	m glasierte Steinzeugmuffenrohre von 1,50 mm ⌀ liefern, bis 0,70 m tief verlegen, die Muffen mit geteertem Hanfstrick und Asphalt dichten je	3,5	7,00	22,0	44,00
223	22	m wie vor, aber 125 mm ⌀ je	3,0	66,00	19,0	418,00
224	47	m wie vor, aber 100 mm ⌀ . je	2,5	117,50	17,0	799,00
225	3	Übergangsstücke von 150 auf 125 mm ⌀ als Zulage zu Pos. 222 .... je	1,3	3,90	12,0	36,00
226	6	Bögen von 125 mm ⌀ als Zulage zu Pos. 223......je	1,2	7,20	10,0	60,00
227	2	Abzweige von 125 auf 125 mm ⌀ wie vor.............je	2,2	4,40	19,0	38,00
228	2	Abzweige von 125 auf 100 mm ⌀ wie vor ....je	2,2	4,40	19,0	38,00
229	4	Übergangsstücke von 125 auf 100 mm ⌀ wie vor......je	1,2	4,80	10,0	40,00
230	18	Bogen von 100 mm ⌀ als Zulage zu Pos. 224 ......je	0,8	14,40	9,0	162,00
231	4	Abzweige von 100 auf 100 mm ⌀ wie vor...........je	1,7	6,80	15,0	60,00
		zu übertragen		236,40		1695,00

| Pos. | Stück-zahl | Gegenstand | Betrag | | | |
| | | | 1914 | | 1919 | |
			einzeln Mk.	im ganzen Mk.	einzeln Mk.	im ganzen Mk.
		Übertrag		236,40		1695,00
232	41,5	m Drainrohre von 100 mm $\varnothing$ liefern und in der vorhandenen Baugrube außerhalb der Fundamente in Gefälle verlegen, die Stöße in der oberen Hälfte mit 5 cm breiten Dachpappestreifen überdekken, die Rohre ringsum mit 15 cm Koksasche umgeben und an die Regenwasserleitungen anschließen....je	0,90	37,35	4,8	199,20
233	1	Anschluß an den Schmutzwasserkanal herstellen..für		50,00		250,00
234	1	Anschluß an den Regenwasserkanal herstellen.....für		50,00		250,00
235	1	gußeisernes Revisionsstück mit Klappe und Schieber für 150 mm Anschlußweite mit 2 Abzweigen von 150 mm $\varnothing$ liefern und mit den Leitungen im Revisionsschacht verbinden .....für		9,00		65,00
236	1	Revisionsstück wie vor, aber nur mit einem Abzweig von 150 mm $\varnothing$ ....für		7,50		62,00
237	2	gußeiserne Waschküchen-Bodeneinläufe für 100 mm Stutzendurchmesser mit Eimer und abnehmbarem Rost liefern und im Anschluß an die Entwässerungsleitung verlegen und vermauern ....je	6,0	12,00	40,0	80,00
238	2	einfache Fußbodeneinläufe der Terrassen mit Blechsieb liefern, verlegen und mit einem Drainrohr durch die Außenmauer entwässern .je	4,0	8,00	22,0	44,00
239	2	Drainrohrentwässerungen der Stalljaucherinnen durch das Stallmauerwerk nach den Düngergruben führen ...je	2,5	5,00	15,0	30,00
240	18	leichte, deutsche, gußeiserne Abflußrohre von 100 mm $\varnothing$ der Entwässerungs- und Lüftungsleitungen liefern, verlegen und mit Teerstrick und Bleidichten befestigen	3,3	59,40	24	432,00
		zu übertragen		474,65		3107,20

Pos.	Stück-zahl	Gegenstand	Betrag 1914 einzeln Mk.	1914 im ganzen Mk	1919 einzeln Mk.	1919 im ganzen Mk.
		Übertrag		474,65		3107,20
241	6,5	m wie Pos. 240 aber von 50 mm $\varnothing$ .... je	2,2	14,30	11,0	71,50
242	2	Abzweige von 100 auf 100 mm $\varnothing$ als Zulage zu Pos. 240 . je	1,8	3,60	13,5	27,00
243	2	Sprungrohre von 100 mm $\varnothing$ wie vor .... je	1,8	3,60	10,0	20,00
244	4	Bögen von 100 mm $\varnothing$ wie vor .... je	1,5	6,00	9,0	36,00
245	2	Abzweige von 100 auf 50 mm $\varnothing$ wie vor .... je	1,8	3,60	14,0	28,00
246	2	Übergangsstücke von 100 auf 65 mm $\varnothing$ wie vor .... je	1,3	3,00	6,5	13,00
247	2	desgl. von 100 auf 50 mm $\varnothing$ wie vor .... je	1,3	2,60	6,5	13,00
248	2	Sprungrohre von 50 mm $\varnothing$ wie vor .... je	1,2	2,40	7,0	14,00
249	2	Terrazzospülsteine an die Leitungen anschließen, Kupfersieb und Bleigeruchverschluß von 50 mm $\varnothing$ liefern und einbauen .... je	7,5	15,00	55,0	110,00
250	2	innen weißemaillierte, außen mit Asphaltlack gestrichene Eck-Ausgußbecken m. Rückwand einschl. der Bleigeruchverschlüsse liefern, einbauen und an die Leitungen anschließen .... je	13,5	27,00	46,0	92,00
251	2	Ablaufventile der Spülbecken in den Waschküchen mit Stöpsel, Kette und verzinktem Rohrbogenstück von 50 mm $\varnothing$ liefern und einbauen je	4,0	8,00	12,0	24,00
252	0,5	m Bleiabflußrohr von 50 mm $\varnothing$ und 2,5 mm Wandstärke zur Verbindung der Becken mit dem eisernen Abflußrohr liefern, verlegen und befestigen .... je	4,7	2,35	14,5	7,25
253	2	Bleibögen von 50 mm $\varnothing$ als Zulage zu Pos. 252 ...... je	1,6	3,20	4,0	8,00
254	2	Entlüftungsrohre von 100 mm $\varnothing$ aus Zink Nr. 13 liefern und mit der Abflußleitung verbinden und befestigen . je	4,5	9,00	25,0	50,00
		zu übertragen		578,30		3620,95

Pos.	Stück-zahl	Gegenstand	Betrag			
			1914		1919	
			einzeln Mk.	im ganzen Mk.	einzeln Mk.	im ganzen Mk.
		Übertrag		578,30		3620,95
255	2	Abortzungentrichter aus Fayence mit klappbaren Abortsitzen, Gummipuffern, Dichtungen, Spülkästen für 8 l Inhalt, 32 mm weitem Spülrohr, Zugkette mit Griff, Absperrhahn von 13 mm ⌀ und allen Formstücken und sonstigem Zubehör liefern, einbauen und an die Leitungen anschließen........je	44,0	88,00	200	400,00
256	24	m innen und außen verzinktes, nahtloses Schmiederohr von 20 mm ⌀ mit 3 mm Wandstärke liefern und verlegen ....je	1,5	36,00	8,0	192,00
257	28	m desgl. von 13 mm ⌀ mit 2,75 mm Wandstärke wie vor ....je	1,3	36,40	6,0	168,00
258		für Formstücke der Pos. 252 bis 257 zum Nachweis		40,00		320,00
259	0,3	m Bleirohr für kleinere Anschlüsse von 13 mm ⌀ mit 4,5 mm Wandstärke einschl. der Bögen usw. wie vor..je	6,0	1,80	37,5	11,25
260	2	Wasseruhren durch das Wasserwerk liefern und einbauen lassen ....je	10,0	20,00	40,0	80,00
261	2	Messingabsperrhähne für 20 mm Durchgangsweite mit Entleerungshahn liefern und in die Leitungen einbauen. je	4,5	9,00	19,0	38,00
262	4	Messing-Niederschraubhähne für 13 mm Durchgangsweite mit Wandscheibe und Strahlregler liefern und an die Leitungen anschließen...je	6,25	25,00	17,5	70,00
263	2	desgl. mit Schlauchverschraubung wie vor ....je	6,25	12,50	17,5	35,00
264	6	m schwarzes, schmiedeeisernes Gasrohr von 32 mm ⌀ und 3,75 mm Wandstärke liefern und verlegen.....je	1,8	10,80	8,0	48,00
		zu übertragen		857,80		4983,20

Pos.	Stück-zahl	Gegenstand	Betrag			
			1914		1919	
			einzeln Mk	im ganzen Mk.	einzeln Mk.	im ganzen Mk
		Übertrag		857,80		4983,20
265	2,5	m desgl. von 26 mm ⌀ und 3,5 mm Wandstärke wie vor ....je	1,4	3,50	7,2	18,00
266	4	m desgl. von 20 mm ⌀ und 3,25 mm Wandstärke wie vor ....je	1,2	4,80	5,9	23,60
267	3	m desgl. von 13 mm ⌀ und 3,0 mm Wandstärke wie vor ....je	1,15	3,45	5,0	15,00
268		für Formstücke der Pos. 264 bis 267 zum Nachweis...je		6,00		40,00
269	2	Messing-Gasschlauchhähne von 13 mm ⌀ liefern und einbauen...............je	3,2	6,40	4,7	9,40
270	2	Gasuhren vom Gaswerk liefern und einbauen lassen. je	10,0	20,00	40,0	80,00
271		für Unvorhergesehenes und zur Abrundung		8,05		130,80
		Summe Titel XV, Installationsarbeiten.............		910,00		5300,00
		Titel XVI. Heizungsanlagen.				
272	2	eiserne, schwarze Kochherde mit je 3 Kochstellen, 1 Bratherd und 1 Wasserblase einschl. alles Zubehörs und der Rauchrohre mit Knien liefern, aufstellen und an die Schornsteine anschließen je	100	200,00	500	1000,00
273	2	gußeiserne Waschküchenherde, bestehend aus einem innen weiß emaillierten Waschkessel von 60 l Inhalt, eisernem Mantel, Rauchrohr und Knien wie vor ....je	45	90,00	300	600,00
274	4	einfache, schwarze, eiserne Dauerbrandöfen für je 75 cbm Luftraum mit Schürgerät und Rauchrohr mit Knien wie vor ....je	80	320,00	400	1600,00
275		für Unvorhergesehenes und zur Abrundung		40,00		200,00
		Summe Titel XVI, Heizungsanlagen		650,00		3400,00

Pos.	Stück-zahl	Gegenstand	Betrag 1914 einzeln Mk.	Betrag 1914 im ganzen Mk.	Betrag 1919 einzeln Mk.	Betrag 1919 im ganzen Mk.
		Titel XVII. Insgemein.				
276	98	m hölzernen Spriegelzaun aus gespaltenen Tannenlatten, 1,2 m hoch mit dahinter gepflanzter lebender Buchenhecke (6 Stöcke auf 1 m). je	1,3	127,40	10,0	980,00
277	6	kleine Obstbäume liefern und pflanzen ....je	2,5	15,00	10,0	60,00
278	250	qm Gemüsegarten rigolen und schmale Fußwege anlegen je	0,60	150,00	4,0	800,00
279	1	Baubude während der Bauausführung vorhalten ...für		75,00		500,00
280		f. Entwurfsbearbeitung, Bauleitung und Abrechnung ca. 4 % der Bausumme		500,00		3000,00
281		für Bauzinsen während der Bauzeit		200,00		1250,00
282		für Unvorhergesehenes und zur Abrundung		32,60		285,00
		Summe Titel XVII, Insgemein		1100,00		6875,00

Zusammenstellung.

			Mk.	Mk.
Titel	I	Erdarbeiten	220,00	1200,00
„	II	Maurerarbeiten	2000,00	11000,00
„	III	Maurermaterial	2400,00	13000,00
„	IV	Asphaltarbeiten	60,00	250,00
„	V	Staakerarbeiten	200,00	1100,00
„	VI	Steinmetz- usw. Arbeiten........	190,00	1100,00
„	VII	Zimmerarbeiten	1850,00	11000,00
„	VIII	Dachdeckerarbeiten	410,00	2200,00
„	IX	Klempnerarbeiten..............	280,00	1800,00
„	X	Eisenguß- und Walzarbeiten	15,00	75,00
„	XI	Schmiede-, Schlosser- und Beschlagarbeiten	490,00	2700,00
„	XII	Tischlerarbeiten................	2000,00	10000,00
„	XIII	Glaserarbeiten	100,00	1000,00
„	XIV	Malerarbeiten.................	650,00	4300,00
„	XV	Installationsarbeiten............	910,00	5300,00
„	XVI	Heizungsanlagen	650,00	3400,00
„	XVII	Insgemein	1100,00	6875,00
		Gesamtsumme	13525,00	76300,00

Die Ausführlichkeit und Vollständigkeit des Kostenanschlages macht den Erläuterungsbericht zu dem Entwurfe fast überflüssig, da die Ausführungsart aller Arbeiten im Anschlage genau angegeben ist. Im Gegensatz dazu ist bei einem Kostenüberschlage nach den Kubikmetern des umbauten Raumes natürlich eine eingehende Erläuterung nötig, da sonst zwischen dem Bauherrn und dem Entwerfenden viele Zweifel über die äußere Gestaltung und die Güte und Art des inneren Ausbaues bestehen werden.

In einzelnen Gegenden Deutschlands werden entsprechend den örtlichen Baugewohnheiten manche Teile der Ausführung anders veranschlagt, als in dem vorgeführten Muster geschehen ist. So werden z. B. die ½ Stein starken Wände in bezug auf die Arbeitsleistung vielfach nach Quadratmetern veranschlagt, während sie hier in die Masse der Kubikmeter mit eingerechnet sind. Ebenso wird der Kalkbedarf häufig im eingelöschten Zustande nach Kubikmetern angegeben, weil sich besondere Unternehmer mit seiner Herstellung, namentlich bei großen Bauten, zu befassen pflegen, während er hier ungelöscht nach dem Gewicht in der bei dem unmittelbaren Bezug von der Kalkbrennerei üblichen Weise berechnet ist. Häufig pflegt auch der Maurermeister Steine, Kalk, Sand und Zement selbst zu liefern, so daß man dann wegen der einfacheren Abrechnung diese Materialien nicht erst besonders auszuziehen braucht, sondern statt dessen die Mauermassen nach Kubikmetern abzüglich der Öffnungen zusammenrechnet und diese Zahl in einer besonderen Position als cbm Materiallieferung zu Pos. 7, 8 ff. veranschlagt und bei den übrigen Arbeiten wie Massivdecken, Putz, Estrich, Pflaster usw. in die Arbeitsposition auch die Materiallieferung einschließt. Doch das alles sind örtliche Verschiedenheiten, die zwar teilweise zu etwas veränderten Anschlagsformen führen können, aber an dem Wesen des Anschlages selbst nichts ändern. In dem Titel Eisenguß und Walzarbeiten werden bei größeren Bauten die Träger und sonstigen Eisenkonstruktionen nach Tonnen veranschlagt, nachdem man sie an Hand der genauen statischen Berechnung in einer Gewichtsliste zusammengestellt hat. In kleineren Städten, wo keine besondere Anschlägerfirmen bestehen, pflegt man die Beschläge unmittelbar vom Händler zu kaufen und die Anschlägerarbeit dem Tischler zu übertragen, was viele Vorzüge hat. Dann müssen natürlich beide Leistungen möglichst schon im Kostenanschlage entsprechend getrennt werden. Für Tapezierer und Stuckarbeiten sind vorkommendenfalls besondere Titel zu bilden.

Bei Werksteinarbeiten pflegt man Verblendungen in der Fläche nach Quadratmetern unter genauer Angabe der Einbindetiefe, Gesimse, Fensterumrahmungen usw. nach der Länge, gemessen in der größten Ausladung, einzeln auftretende Teile wie Säulen usw. nach Stückzahl mit Maßangabe zu veranschlagen. Da aber der Steinmetz selbst immer nach Kubikmetern rechnet, so ist es zweckmäßig, bei allen Positionen

den kubischen Inhalt in roher Umgrenzung gemessen, mit anzugeben.
Hierbei muß natürlich der in das Mauerwerk einbindende Teil stets
mitgerechnet werden.

Zur sparsamen Veranschlagung der Zimmerarbeiten ist es zweckmäßig, die von den Sägewerken in ihren Bedingungen mitgeteilten
gangbaren Querschnittsmaße in der Holzliste *möglichst* zu berücksichtigen, da alle übrigen Holzstärken nur mit Aufpreisen berechnet
werden.

Tabelle von Normalprofilen für Bauhölzer in Zentimetern.

8	10	12	14	16	18	20	22	24	26	28	30
8,8	8/10	10/12	10/14	12/16	14/18	14/20	16/22	18/24	20/26	22/28	24/30
	10/10	12/12	12/14	14 16	16 18	16 20	18/22	20/24	24/26	26/28	30/30
			14/14	16/16	18/18	18/20	20/22	24,24	26/16	28/28	
						20/20					

Man kann noch im Zweifel darüber sein, wie weit man mit der besonderen Veranschlagung der sogenannten Nebenleistungen gehen oder
sie als zu den Hauptarbeiten ohne weiteres zugehörig betrachten soll.
So wird z. B. die besondere Berechnung der Außengerüste und der
Schutzabdeckung der Balkenlagen von vielen Seiten als überflüssig angesehen werden, weil die Maurer- und Putzarbeiten ohne Gerüst gar
nicht ausgeführt werden können und weil die Schutzabdeckung ein
Teil eines Sonderabkommens zwischen dem Maurermeister und der Berufsgenossenschaft ist, also wie Bureaukosten usw. zu den General-
unkosten eines Maurermeisters gehört. Das ist unbedingt richtig. Aber
es ist bekannt, daß gerade das viele Einbeziehen großer Arbeiten in den
Begriff der nicht besonders zu vergütenden Nebenarbeiten zu dauernden Klagen der Baugewerksmeister gegen die Bauleitungen geführt hat.
Es ist unter den Bauleitern allmählich eine besondere Wissenschaft der
geschickt aufzustellenden Kosten- und Verdingungsanschläge ausge-
bildet, mit deren Hilfe in einzelnen scheinbar unwichtigen Nebenbemer-
kungen die wichtigsten und kostspieligsten Arbeiten in die Verdingung
hineingeheimnißt werden, ohne daß man es merkt. Wenn man die Anschläge und Verdingungsunterlagen mancher Anhänger dieses Systems
einmal genau durchsieht, so wird man zwar von der außerordentlichen
Kürze überrascht sein, aber gleichfalls feststellen müssen, daß von der
großen Zahl aller durch das Baugewerbe zu leistenden Arbeiten oft nur
ein kleiner Bruchteil wirklich benannt, der Rest in die lakonische Rand-
bemerkung „einschl. aller Nebenarbeiten" verwiesen ist. Das führt
nur zu Submissionsblüten. Denn der eine Meister, der diese Praxis
schon am eigenen Geldbeutel erprobt hat, ist durch Schaden klug geworden, berechnet die Nebenarbeiten gewissenhaft mit und ist dann
bei der Verdingung teuer. Der andere, vielleicht ein Anfänger, übersieht die Zwischenbemerkungen oder unterschätzt ihre Tragweite

rechnet deshalb billiger, bekommt den Auftrag und verliert schließlich Geld. Natürlich wird er jede mögliche Gelegenheit zu Nachforderungen ausnützen und dabei häufig ganz Unberechtigtes verlangen, um seinen Verlust auszugleichen. Prozesse und ewiger Streit sind die Folge. Deshalb wird nicht nur von den Unternehmerkreisen, sondern auch seitens einsichtiger Bauleiter immer wieder absolute Klarheit aller Anschläge und besondere Berechnung aller größeren Nebenleistungen gefordert, um das unbedingt notwendige Vertrauensverhältnis des früheren Handwerks zum Bauherrn wiederherzustellen. Aus diesen Gründen ist in dem angeführten Kostenanschlagsbeispiele ein großer Teil der Nebenarbeiten besonders veranschlagt.

II. Bauleitung.

Nachdem der Entwurf und Kostenanschlag fertiggestellt und der Auftrag durch den Bauherrn erteilt ist, beginnen die Arbeiten der eigentlichen Bauausführung, mit denen der *Bauleiter* betraut wird. Seine Geschäfte bestehen im wesentlichen in folgenden Einzelarbeiten:

1. Einholung der Bauerlaubnis.
2. Konstruktive Durcharbeitung besonderer Bauteile.
3. Vergebung der Arbeiten.
4. Überwachung der Ausführung.
5. Abrechnung.

1. Einholung der Bauerlaubnis.

Das baupolizeiliche Genehmigungsverfahren ist durch die Vorschriften der örtlichen Baupolizeiordnungen besonders geregelt, so daß darauf an dieser Stelle nicht näher eingegangen zu werden braucht. Sobald der Entwurf ausführungsreif geworden ist, hat der Bauleitende sofort die allgemeine statische Berechnung des Baues, insbesondere der Trägerlagen, aufzustellen, die Vorlagezeichnungen im vorgeschriebenen Maßstabe, gewöhnlich 1:100, anzufertigen und farbig anzulegen und den Formularantrag bei der Baupolizei zu stellen. Hierbei hat er, wenn nicht schon geschehen, nochmals genau auf die Innehaltung der einzelnen Vorschriften der Bauordnung zu achten und wo nötig, einen Dispensantrag einzureichen. Er wird stets gut tun, zur Erledigung von Rückfragen der Polizeibehörde sich nach einiger Zeit selbst nach dem Stande seines Antrages zu erkundigen, wenn nicht von vornherein das befristete Prüfungsverfahren, wie in einigen deutschen Bundesstaaten, vorgeschrieben ist.

2. Konstruktive Durcharbeitung.

Falls besondere Konstruktionen bei dem Bau verwendet werden sollen, die über das durchschnittlich Übliche hinausgehende Anforderungen an die technische Ausführung stellen, hat der Bauleitende sie rechtzeitig vor Beginn des Baues auszuarbeiten und zu berechnen, um späteren Stockungen des Baufortganges vorzubeugen. Dahin gehört in erster Linie eine im allgemeinen von der Baupolizei nicht geforderte genaue Berechnung sämtlicher Fundamente. Der Baugrund ist eingehend zu untersuchen und seine Tragfähigkeit, wenn sie nicht normal ist, durch Probebelastungen genau zu ermitteln. Insbesondere gilt dies bei dem Bau auf vor Jahren geschüttetem Boden über alten Ziegelgruben, Niederungen, Bachläufen usw. oder auf moorigem oder schlickigem Baugrund.

In diesem Falle hat der Bauleitende zu berechnen, ob er mit der einfachen Verbreiterung der Fundamente bis zur durchschnittlichen Belastung mit dem zulässigen Gewicht auskommen kann, oder ob er aus wirtschaftlichen oder konstruktiven Gründen zur Anwendung sogenannter künstlicher Fundierungen schreiten muß. Besonderes Augenmerk ist stets der gleichmäßigen Verteilung aller Lasten auf den Baugrund zu widmen, da sonst Senkungen einzelner besonders schwerer Bauteile und im Zusammenhang damit Rissebildungen im Bauwerk unvermeidlich sind. Namentlich die verschiedenen Höhen des Bauwerks zwingen bei gewissenhafter Berechnung oft zu überraschender Verbreiterung einzelner Fundamentteile, so z. B. von Türmen, Schornsteinen, hohen Brandgiebeln usw. Aber auch besonders schwer belastete Teile des Baues, wie einzelne Pfeiler, bedürfen fast immer einer besonders breiten Fundierung. Die übliche Formel, nach der man die Bankette um ein bestimmtes Maß nach jeder Seite unter dem Kellermauerwerk verbreitert, gilt nur bei ganz gleichmäßiger Verteilung aller Baulasten im Innern einfachster, an allen Stellen gleich hoher Gebäude.

Etwa nötig werdende besondere Fundamente großer Schornsteine oder Betonplatten, Sandschüttungen, Pfahlroste usw. sind bis in alle Einzelheiten sorgfältig zu berechnen und auszuarbeiten, insbesondere ist auch die Frage nach der Kostendeckung vor der Ausführung genau zu prüfen. Ebenso ist der späteren Ausbildung von Futtermauern, namentlich da, wo sie als solche nicht ohne weiteres erkennbar sind, erhöhte Aufmerksamkeit zuzuwenden. So kann z. B. bei der Anlage von zwei Kellern übereinander das Mauerwerk häufig durch den Erddruck so außerordentlich, namentlich bei geringen Bauhöhen über dem Erdreich, seitlich belastet werden, daß sie unbedingt als Futtermauern ausgeführt werden müssen.

Auch die Verwendung von Hänge- und Sprengwerken im Dachstuhl bedarf einer genauen statischen Ermittlung, die nach den üblichen Vorschriften meistens sogar von der Baupolizeibehörde nachgeprüft werden muß. Dasselbe gilt von der Querschnittsbemessung einzelner besonders belasteter Pfeiler im Innern von Treppen oder Fabrikgebäuden. Hierbei ist auch zugleich die bessere Ausführung in Zementmauerwerk usw. festzulegen.

Bei allen diesen rein konstruktiven Arbeiten muß sich der Bauleitende stets seiner außerordentlich großen Verantwortung für die Sicherheit des ganzen Baues bewußt sein, die ihn sowohl zivilrechtlich als auch nach den Bestimmungen des Strafgesetzbuches allein für alle etwaigen Folgen einer Unterlassung haftbar macht.

3. Vergebung von Arbeiten.

Nach Beendigung dieser Vorarbeiten beginnt die geschäftliche Tätigkeit des Bauleitenden, die Ausschreibung und Vergebung der sämtlichen Bauarbeiten. Es versteht sich von selbst, daß hierbei eine bestimmte Reihenfolge beobachtet werden muß, die dem Ineinandergreifen der einzelnen Bauarbeiten genau Rechnung zu tragen hat. Wenn z. B. die Zimmerarbeiten eines Hauses zu spät ausgeschrieben sind, so fehlen im entscheidenden Augenblick die Holzbalken über dem Erdgeschoß und der Bau gerät ins Stocken. Oder der innere Ausbau verzögert sich ins Ungewisse hinaus, wenn die Herstellung der Fenster nicht rechtzeitig vergeben ist, so daß vor dem Einsetzen der kalten Witterung der Bau verglast sein kann. Allerhand kostspielige Provisorien müssen oft genug an die Stelle einer richtigen Baudisposition treten und verteuern natürlich die Baukosten. Deshalb muß der Bauleitende für alle Arbeiten die notwendige Ausführungszeit berechnen und entsprechende Termine für ihre Fertigstellung festlegen, die in ihrer Zusammenfassung das sogenannte Bauprogramm bilden.

Im allgemeinen pflegen ja auch schon allein die wirtschaftlichen Rücksichten des Bauherrn einen bestimmten Endtermin für die Übergabe des fertigen Baues vorzuschreiben, so daß bei allen Einzelarbeiten die Fristen des Bauprogramms ganz genau innegehalten werden müssen, um den Haupttermin nicht zu überschreiten.

Nachdem so durch das Bauprogramm die Reihenfolge der Vergebungen in der Hauptsache festgelegt ist, sind die Angebotsunterlagen an der Hand des ausführlichen Kostenanschlages aufzustellen. In diesem Augenblick zeigt sich, ob die Veranschlagung seinerzeit sorgfältig bearbeitet wurde oder nicht. Denn nun müssen wirklich *alle* Arbeiten der Reihe nach aufgeführt werden, da sonst mit außerordentlichen Nachforderungen der Unternehmer oder riesenhaft wachsenden Tagelohnarbeiten zu rechnen ist. Ein guter Kostenanschlag braucht hierbei nur in allen Positionen abgeschrieben und im Wortlaut noch gelegentlich ergänzt zu werden, um als Angebotstext dienen zu können. Ein schlechter aber muß oft genug erst für die Vergebung völlig neu bearbeitet werden, um die allzu starken Irrtümer auszuschließen.

Die Arbeiten werden titelweise nach den verschiedenen Handwerkszweigen getrennt, oder auch, wie schon mehrfach erwähnt, nach örtlicher Gewohnheit zusammen ausgeschrieben. Besondere Richtlinien können hierfür nicht aufgestellt werden, weil die örtlichen Verhältnisse darin zu verschieden sind.

Soweit dies nicht schon durch allgemeine Anweisungen des Bauherrn geregelt ist, hat der Bauleitende jetzt eine Entscheidung über die Art und Form der Vergebung herbeizuführen, um seine Ausschreibung entsprechend einrichten zu können.

Hierbei kommt die Vergebung der gesamten Arbeit an einen Generalunternehmer oder die Teilung in Einzelvergebungen nach den verschiedenen Handwerkszweigen in Betracht.

Das erstere hat den Vorzug einer größeren Einfachheit für die Bauleitung, da dann das reibungslose Zusammenwirken aller beteiligten Gewerke im eigensten Interesse des Generalunternehmers liegt. Außerdem kann die Bauleitung die Abrechnung auf das einfachste gestalten, indem sie durch Zusammenstellung der Einzelangebote den Preis für ein Kubikmeter des umbauten Raumes ermittelt und nun den ganzen Bau nur nach Kubikmetern abrechnet. Ebenso hat die Vergebung an einen Generalunternehmer den Vorzug eines viel einfacheren geschäftlichen Verkehrs für die Bauleitung, da sie alle Fragen nur mit *einer* Firma zu besprechen, alle Bestellungen, Mahnungen usw. nur an *eine* Person zu richten hat. Andererseits liegt die Schaffung dieser Monopolstellung der Generalunternehmer im allgemeinen nicht im Interesse des Handwerks. Die besten Qualitätsleistungen können doch nur erzielt werden, wenn der Bauherr mit seinem Bauleitenden zusammen bis zuletzt einen unmittelbaren Einfluß auf die wirklich ausführenden Meister durch die direkte Vergebung ausübt. Dann erst kann er den besten aussuchen, wenn er will. Sonst muß er mit dem zufrieden sein, was ihm der Generalunternehmer bestimmt, und wird in den meisten Fällen gar nicht erst gewahr, wer die Fenster seines Hauses nun eigentlich liefert usw. Die meistens durch die Generalvergebung erreichte Verbilligung des Baues artet sehr häufig in eine Minderung der Güte aus, die nur durch entsprechende Nachbewilligungen wieder ausgeglichen werden kann. Deshalb sind solche Vergebungen nur bei allersorgfältigster Vorbereitung und restloser Ausarbeitung aller Bauzeichnungen, Kostenanschläge und Baubeschreibungen zu empfehlen. Im allgemeinen wird die Einzelvergebung vorzuziehen sein.

Außerdem muß noch entschieden werden, ob der Auftrag einem bestimmten Unternehmer übergeben oder eine engere oder eine öffentliche Verdingung stattfinden soll. Das erstere ist ein Akt größten Vertrauens, der nur in seltenen Fällen in kleinen Orten und bei kleinen Bauten vorkommen wird, dann aber durchaus praktisch sein kann. Meistens aber wird man es doch vorziehen, von mehreren Seiten Angebote einzuholen, um einen Vergleich der Einzelpreise zu ermöglichen. Im allgemeinen hat sich hierbei für kleinere Bauobjekte bis zu etwa 3000 ℳ das Verfahren der engeren, bei größeren das der öffentlichen Verdingung herausgebildet.

Bei der engeren Verdingung werden einzelne bestimmte Meister unter Übersendung eines Angebotstextes zur Abgabe ihrer Preisforderung bis zu einem bestimmten Verdingungstermin aufgefordert, bei der öffentlichen Vergebung wendet man sich durch Zeitungsanzeige mit dem gleichen Ersuchen an die Gesamtheit aller am Ort oder auch außerhalb vorhandenen Unternehmer. Die engere Verdingung hat den Vorzug, daß von vornherein nur solche Unternehmer für die Arbeit in Aussicht genommen und zur Verdingung zugelassen werden, die das Vertrauen des Bauherrn und der Bauleitung nach jeder Richtung haben. Im Gegensatz dazu drängt sich bei der öffentlichen Verdingung manche dunkle oder zweifelha te Existenz mit ein, deren Beteiligung nachher zu großen Schwierigkeiten führen kann. Aus diesen Gründen ist es seit langer Zeit öffentlich anerkannter Grundsatz geworden, bei engerer Verdingung möglichst dem Mindest ordernden die Arbeit zu übertragen, wenn die Preise angemessen sind, während man bei öffentlicher Verdingung erst eine genaue Prüfung der anbietenden Firmen in bezug auf die wirtschaftliche, technische und persönliche Zuverlässigkeit ihrer Vertreter anzustellen pflegt und schließlich grundsätzlich jeden einzelnen aus Gründen der Unzulänglichkeit ablehnen kann. Bei der engeren Verdingung liegt aber leider auch oft die Gefahr von preistreibenden Ringbildungen vor, so daß man manchmal nur zur Vermeidung dieser zu der ölfentlichen Verdingung schreiten muß.

Nach Klärung dieser Vorfragen werden die Angebotstexte aufgestellt und durch die sogenannten besonderen Bedingungen ergänzt. Diese beziehen sich sowohl auf die allgemeinen, allen Vergebungen gemeinsamen Fragen des Auftrages, des Zahlungsverkehrs, der Abrechnung usw., als auch die besonderen technischen Anweisungen für die Ausführung der einzelnen Arbeiten. Infolgedessen pflegt man in einem Druckstück die sogenannten allgemeinen Bedingungen für die Vergebung von Bauarbeiten und Lieferungen und in einer Reihe weiterer Druckstücke die besonderen Bedingungen für Ausführung von Maurerarbeiten, Zimmerarbeiten, Lieferung von Bausteinen, Zement usw. zu vereinigen. In diesen Bedingungen muß alles das enthalten sein, was seitens des Bauleitenden ganz allgemein in Ergänzung des Angebotstextes von dem Unternehmer gefordert werden soll, ohne deshalb ein Kompendium technischer Aus.ührungsvorschri ten zu werden. Man vermeide es, technische Selbstverständlichkeiten hineinzuschreiben, man prüfe aber auch sorgfältig, ob alles für die Ausführung und Abrechnung Nötige darin enthalten ist. Bei den größeren Behörden hat sich allmählich eine solche Stabilität dieser Bedingungen herausgestellt, daß sie im Druck für den inneren Gebrauch der Behörde vervielfältigt und ein für allemal bei ihr vorgeschrieben sind. So hat z. B. die preußische Staatsbauverwaltung in ihren Dienstanweisungen an die Lokalbaubeamten und in verschiedenen Ministerialerlassen eingehende Bedingungen für die einzelnen Handwerkszweige herausgegeben. Ähnlich wird es in den anderen Bundesstaaten und bei allen Gemeindeverwaltungen sein, so daß der Bauleiter dieser Verwaltungen stets bestimmte, für ihn gültige Muster vorlindet. Aber auch der in privater Stellung arbeitende Architekt oder Ingenieur wird guttun, für seinen eigenen Gebrauch derartige Bedingungen aufzustellen und die mit dem Auftrag betrauten Meister zur Innehaltung derselben zu verpflichten.

Am Schlusse dieses Abschnittes werden deshalb eine Reihe von solchen Bedingungen als Muster abgedruckt, die natürlich keinen Anspruch darauf machen wollen, absolut vollständige Bauvorschriften zu sein, schon weil immer wieder andere Ausführungsarten ersonnen werden, nach denen die Bedingungen immer wieder zu ergänzen sind.

Nachdem der Bauleitende die verlangten Angebote verschlossen zu einem vorher bestimmten Zeitpunkt erhalten hat, öffnet er sie in dem Termine in Gegenwart etwa erschienener Bewerber und trägt die geforderten Schlußsummen in eine Niederschrift ein, welche von ihm und den anwesenden Anbietern unterschrieben wird. Hierbei ist ganz besonders aus persönlichen Gründen darauf zu achten, daß jeder Verdacht einer unreellen Beeinflussung und damit einer Schädigung Einzelner vermieden wird. Deshalb darf grundsätzlich kein Angebot vor dem Termin geöffnet werden, um zu vermeiden, daß die Forderung des Betroffenen einem anderen Anbieter vor dem Termine bekannt wird, so daß er sein Angebot danach einrichten kann.

Alle nach Schluß des Termines noch eingehenden Angebote sind einstweilen uneröffnet zu lassen, um dem Bauherrn selbst die Entscheidung darüber vorzubehalten, ob sie noch berücksichtigt werden sollen. Bei Behörden werden sie grundsätzlich ausgeschlossen, wenn sie zu spät abgeschickt sind, weil die Gefahr der Ausnützung der durch den Termin bekannt gewordenen Forderungen der übrigen Bewerber naheliegt. Überhaupt hüte man sich vor allen Unregelmäßigkeiten bei der Verdingung, damit nicht das an sich nicht ideale Verdingungswesen dadurch völlig seinen inneren moralischen Halt verliert. Insbesondere sind auch die sogenannten Nachgebote stets mit größter Vorsicht zu behandeln, da sie oft nur zur Verdeckung unreeller Absichten eingereicht werden. Andererseits ist es einem Kaufmann, der bauen will, nicht zu verdenken, wenn er auch bei der Vergebung nicht bureaukratisch, sondern nach kaufmännischen Grundsätzen verfährt, also selbst unter Benutzung von Nachgeboten das für ihn günstigste Angebot für sich ausnützt. Aber auch hierin ist die goldene Mittelstraße der sicherste Weg.

Nach Abhaltung des Termines hat der Bauleitende alle Angebote auf ihre Vollständigkeit zu prüfen und nachzurechnen, um die Schlußsumme nach Beseitigung von Rechenfehlern endgültig festzustellen und wieder in der Niederschrift zu vermerken. Hierbei sind absichtlich unvollständige Angebote besonders zu beachten, um unzuverlässige Elemente bei dieser Gelegenheit auszuschalten.

Nun folgt die schwierigste Entscheidung des Bauleitenden und des Bauherrn, die Auswahl des Unternehmers, dem er die Arbeit übertragen will. Hierbei zeigt sich in vielen Fällen der grundsätzliche Mangel des bisher üblichen Verdingungsverfahrens, und hier setzen auch alle Reformbestrebungen ein. Während die Forderung nach absolut vollständiger und genauer Beschreibung aller Arbeiten, peinlichster Angabe aller Maße und Ausführungsarten, sorgfältigster Vorbereitung aller Verdingungs- und Ausführungzeichnungen so selbstverständlich ist, daß man eigentlich kaum näher darauf einzugehen braucht, ist das Verlangen nach einer richtigen Vergebung so schwer erfüllbar, daß es immer noch nicht zu endgültigen, allgemein anerkannten Vorschriften geführt hat. Oft genug begegnet man unreellen Ringbildungen, die nur zum Zwecke ungerechtfertigter Preistreiberei entstanden sind. Ihnen nachzugeben, heißt sich willenlos den Preisforderungen auszuliefern und Geld fortzuwerfen. Man wird sie also auszuschalten versuchen. Noch viel häufiger aber werden die allgemein üblichen Preise von einzelnen derartig unterboten, daß eine Vergebung an solche Unternehmer oft zu einer ungewollten Bereicherung des Bauherrn auf Kosten des Auftragnehmers und dessen Geldgebers führen muß. Die Gründe für solche Unterbietungen sind sehr vielseitig. Der eine Meister hat z. B. gar keine Arbeit mehr und muß unbedingt neue Arbeit beschaffen, um seine eingearbeiteten Leute nicht entlassen und zu seinem eigenen Schaden an andere Betriebe abgeben zu müssen. Dies trifft vielfach bei Tischlerarbeiten zu. Ebenso oft versuchen Existenzen, die wirtschaftlich schwanken, durch Unterbietung neue Arbeit an sich zu reißen, um ihren Kredit weiter in Anspruch nehmen zu können. Eine Unterstützung solches Falles durch Übertragung von Arbeit kommt einem bewußten Betrug an dem Kreditgeber oft sehr nahe. In anderen Fällen, namentlich bei Behörden, braucht ein Unternehmer in gewissen Zeitabschnitten immer wieder einen öffentlich sichtbaren und auffallenden Auftrag, um damit Reklame zu treiben, die ihm lohnende andere Arbeit wieder einträgt, ohne daß er an der schlechten öffentlichen Arbeit sich allzusehr wirtschaftlich schädigt. In vielen Beispielen aber bietet auch die größere technische Übersicht, die bessere Ausnützung aller Hilfsmittel, richtigere Disposition der Transporte, günstigerer Einkauf der Baustoffe im Großen, besserer Stamm von Hilfsarbeitern und vieles andere noch die Möglichkeit, ohne Schaden billigere Angebote einzureichen als alle übrigen Bewerber. In solchem Falle wäre es unwirtschaftlich und unsinnig, von solchen wirklich günstigeren Angeboten keinen Gebrauch zu machen.

Die Frage nach dem richtigsten Vergebungsverfahren beschäftigt seit Jahrzehnten alle Bauleute und Behörden, die den Niedergang des früher goldenen Handwerks sehen und ihn aufhalten oder hindern wollen, die also an der Hebung des Mittelstandes und nicht an seiner Proletarisierung Interesse haben. Naturgemäß beschäftigen sich besonders die Vertretungen der Handwerke, die Innungen, seit langer Zeit mit ihr und haben allmählich durch ihre Werbetätigkeit auch die Behörden und andere Volkskreise zur Einsicht gebracht. Leider konnte bisher eine Einigung über den einzuschlagenden Weg nicht erzielt werden, wie schon in dem Abschnitt über die Aufstellung von Kostenanschlägen eingehend dargelegt ist. Der beste Vorschlag ist noch immer der, daß der Bauleitende nach seiner ganzen Berufserfahrung die Preise selbst — erforderlichenfalls unter Zuziehung vertrauenswürdiger Personen aus dem Handwerk — eingehend prüft und nach Befragung der Anbietenden nach den Gründen der zu niedrigen Preise, diejenigen Angebote ausscheidet, welche unter den Selbstkosten und einem angemessenen Gewinn aufgestellt sind. Auch hier, wie bei dem Kostenanschlage, wird es also darauf hinauskommen, den unter Berücksichtigung aller wirtschaftlichen Momente *angemessenen Preis* zu ermitteln und zu ihm die Arbeit zu vergeben. Wer dies nicht tut, sondern nach dem alten früheren Rezept einfach dem Billigsten die Arbeit überträgt, hat nicht nur selbst oft den Ruin einer Handwerkerexistenz auf dem Gewissen, sondern setzt sich auch bewußt der Gefahr aus, daß der durch den Auftrag Geschädigte schließlich seinen Nachteil durch schlechte Arbeit oder durch lästige Mehrforderungen wieder auszugleichen versucht. Und dabei hat er auch noch weiter zu gewärtigen, daß im Prozeßfalle die Schiedsgerichte oder Zivilgerichte ihm Unrecht geben und ihn zu erheblichen Nachzahlungen verurteilen. Beispiele dafür sind in der neueren Rechtsprechung häufig genug vorgekommen.

Ist das Angebot schließlich ermittelt, das nach allen Richtungen als angemessen zu bezeichnen ist, so kann der Auftrag erteilt werden. Hierzu wurde früher meistens ein formeller, verstempelter Vertrag abgeschlossen, der heute in der Mehrzahl der Fälle durch die einfache mündliche Annahme des Angebots ersetzt ist. Natürlich muß durch Unterschrift oder auf andere Weise jeder Zweifel über die wirkliche Erteilung des Auftrages beseitigt sein, um ihn rechtswirksam, also klagbar, zu machen.

Damit beginnt die vierte Phase der Arbeiten des Bauleitenden:

4. Die Überwachung der Ausführung.

Ein guter Bauleiter muß gewandt im Verkehr mit den Unternehmern, energisch in der Verfolgung seiner Ziele, gewissenhaft in der genauen Beachtung der Verträge, Anschläge und Ausführungszeichnungen, pünktlich im Dienst, unermüdlich in der Kontrolle, befähigt zu guter Disposition und mit feinstem Gefühl für seine vielseitige Verantwortung begabt sein. Das sind etwas viele Anforderungen an einen Menschen und doch sind sie unerläßlich für den Bauleiter eines großen Unternehmens. Immer von neuem muß er sich bewußt sein, daß er der Anwalt seines Bauherrn ist, daß er einen Teil von dessen Vermögen verwaltet und als sorgfältiger Kaufmann für die beste Verwendung zu sorgen hat. Baufehler sind entweder überhaupt nicht oder doch nur mit großen Kosten wieder gut zu machen; oft genug werden ihre Folgen erst nach Jahren sichtbar, wenn sie nicht wieder zu beseitigen sind.

Der Bauleiter ist selbst dafür haftbar, daß die Fundierung überall tragfähigen Boden erreicht und die gehörige Breite hat, sonst entstehen Risse, die dem Bau immer anhaften und seinen Wert mindern. Er hat selbst dafür einzustehen, daß die Kellermauern richtig gegen Feuchtigkeit isoliert werden, sonst wird das Haus naß und bleibt es immer. Er muß darauf achten, daß kein Stück krankes Holz in den Bau kommt, sonst liegt die Gefahr der Ansteckung des gesunden Holzes und damit einer gewaltigen Vermögensschädigung des Besitzers vor. Und so kann man die Beispiele auf jedes Teilgebiet beliebig ausdehnen, die alle beweisen, wie unendlich wichtig die richtige Personenwahl bei der Besetzung des Bauleiterpostens in vermögensrechtlicher Hinsicht ist.

Aber noch ebenso bedeutungsvoll erscheint sie in ihren strafrechtlichen Folgen. Jede Unterlassung einer notwendigen Schutzmaßnahme kann Leben und Gesundheit der Arbeiter gefährden und den Bauleiter vor den Strafrichter bringen.

Gerade über diese Seite der Verantwortung des Bauführers herrscht nicht überall die notwendige Klarheit. Nur zu oft begegnet man der Auffassung, daß der Unternehmer allein für etwaige Unglücksfälle seiner Leute verantwortlich sei, und daß der Bauleiter selber nichts damit zu tun habe. Aber selbst die allgemein übliche Klausel in den besonderen Bedingungen aller Arbeiten, die dem Unternehmer allein diese Verantwortung zuschiebt, befreit den Bauführer nicht von seiner Mithaftung bei Unglücksfällen.

Die §§ 222, 230, 330 und 367 des Strafgesetzbuches ziehen ihn in vielen Fällen mit in die Anklage herein, da er durch seine Stellung ganz besonders zu sorgfältigster Beachtung aller Schutzvorschriften berufen ist. Er hat nicht nur durch den Wortlaut der besonderen Bedingungen oder durch unmittelbare mündliche oder schriftliche Anweisung den Unternehmer zur Erzielung der größtmöglichen konstruktiven Sicherheit des Baues und persönlichen Sicherheit der Arbeiter anzuhalten, sondern er hat vor allem mit größter Energie dafür zu sorgen, daß seine hierzu ergangenen Anordnungen auch wirklich befolgt werden, da er sonst nach Ansicht des Strafrichters seine Pflicht nicht gewissenhaft erfüllt hat und deshalb für alle unglücklichen Folgen ebenfalls verantwortlich gemacht wird. Er muß im Notfalle auch vor dem letzten Mittel, der zeitweisen Einstellung der Arbeit bis zur Beseitigung des gefahrdrohenden Zustandes und der Entziehung der Arbeit nicht zurückschrecken. Im allgemeinen aber wird es nicht bis dahin kommen, weil der Unternehmer selbst in erster Linie die strafrechtliche Verantwortung trägt und ihm nach § 330 des Strafgesetzbuches Freiheitsstrafen und als Folge einer Verurteilung vielleicht die Untersagung der weiteren Berufstätigkeit drohen. Sollte man in dieser Hinsicht gelegentlich einen besonders schwerhörigen Unternehmer vor sich haben, so genügt im allgemeinen schon die Ankündigung der Nachricht an die zuständige Berufsgenossenschaft oder die Baupolizei, im äußersten Falle die Ausführung dieser Maßregel, um das Nötige zum Schutz des Bauwerkes oder der Arbeitnehmer zu erzwingen.

Um seine Pflicht auf diesem Gebiet richtig erfüllen zu können, muß sich der Bauleitende mit dem Sinn und Inhalt der berufsgenossenschaftlichen und baupolizeilichen Schutzvorschriften rechtzeitig vertraut machen, da Unkenntnis derselben ihn nicht vor Strafe schützen würde.

Die Anforderungen an die Absteifungen bei Erdarbeiten, an die Sicherheit der Gerüste bei Ausführung der Maurer- und Putzarbeiten, an die Schutzabdeckung der Balkenlagen, an den sicheren Verschluß offener Treppenhäuser vor Einbringen der Treppe, an die Schutzgerüste der Dachdecker und Klempner, an die Verwendung von Öfen zum Austrocknen usw. müssen jedem Bauleiter in Fleisch und Blut übergegangen sein, damit er sie im gegebenen Augenblick bereit hat.

Jedem Praktiker werden von seinen Ausführungen genügend Beispiele bekannt sein, in denen er nur durch genaue Befolgung dieser Vorschriften seine Leute vor Schaden bewahrt hat.

Und wenn er selber einmal eine etwas gewagte Konstruktion angeordnet hat, so soll er auf den Rat erfahrener Poliere oder Meister hören und sie nicht als Quertreiberei oder lästige Besserwisserei abtun, da er sonst ganz besonders zur Verantwortung herangezogen würde.

Im übrigen beschränkt sich die Arbeit des Bauleitenden auf die tägliche, unermüdliche Kontrolle der Bauarbeiten in bezug auf ihre handwerks- und kunstgerechte Ausführung, die genaue Innehaltung der Anweisungen des Angebots und der Bedingungen und auf die peinlich richtige Herstellung nach den gegebenen Zeichnungen. Besondere Anweisungen hierzu lassen sich bei der ungeheuren Mannigfaltigkeit der Einzelvorschriften nicht geben, die Praxis und die gründliche Beherrschung des rein technischen Gebietes müssen hierin das Notwendige tun.

Der Bau beginnt mit der Absteckung der Baugruben, der Straßenachse, der Kanalmitte usw. durch den Bauleiter selbst. Daß er also die nötige Fertigkeit im Messen von Linien, im Abstecken von Winkeln und im Nivellieren von Höhen haben muß, versteht sich von selbst. Die weiteren Einzelabsteckungen der Fundamente, das Anlegen der einzelnen Mauern, der Öffnungen, der Schächte usw. besorgt der Vertreter des Unternehmers, meistens ein erfahrener Polier. Der Bauleitende muß sich aber dauernd an Hand der Zeichnungen von der Richtigkeit der Maße überzeugen, da sonst häufig Fehler unterlaufen. Insbesondere soll man bei umfangreichen Hochbauten jede Stockwerksgleiche abnivellieren, um die Innehaltung der richtigen Höhe und die genau wagerechte Ausführung zu erzwingen. Bei Unterlassung dieser einfachen Vorschrift passen gewöhnlich die längst bestellten Treppen nicht, so daß später bei ihrem Einbau die lästigsten Vermittelungsmanöver gemacht werden müssen.

Die richtige Innehaltung der Vorschriften über die Mörtelzusammensetzung ist dauernd zu überwachen, denn hierbei wird häufig vom Unternehmer „gespart", um Verluste bei Unterbietungen usw. auszugleichen. Zementmörtel, der nach dem Angebot 1:3 gemischt werden soll wird tatsächlich oft genug 1:5 hergestellt, „weil er ja auch genügend hält". Beton 1:9 wird gelegentlich 1:12 mit derselben Begründung verarbeitet. Daher widme der Bauleiter dieser Kontrolle täglich einige Zeit.

Die Qualität der verwendeten Mauersteine, des Zements, der Dachsteine, des Holzes, die Güte und Wandstärke der Rohre, die Dichtigkeit des Daches und der Klempnerarbeiten, die Güte der Tischlerarbeit, die Trockenheit der Zwischendecken vor Einbringen des Fußbodens usw. sind dauernd zu prüfen.

Außerdem aber muß der Bauleiter immer auf die richtige Förderung des Baues, das Ineinandergreifen der einzelnen Lieferungen und Arbeiten und die Innehaltung der Termine bedacht sein.

Bei Kanalisationsarbeiten kommt als besondere Schwierigkeit die Wasserhaltung und die richtige Absteifung hinzu. Der Kanalgraben muß am tieferen Ende, also bei der freien Vorflut begonnen werden, damit das in der Grube sich sammelnde Wasser freien Abfluß hat, also nicht gepumpt werden muß. Im Bedarfsfalle sind zu diesem Zwecke Drainagen im Anschluß an die Vorflutkanäle anzulegen.

Die Absteifung muß genau und dicht an das Erdreich anschließen, kleine Hohlräume hinter den Steifbohlen führen oft genug zu plötzlichem Zusammenbruch der Baugrube und damit zu Unglücksfällen der Arbeiter. Die Steifen müssen so fest angetrieben werden, daß sie klingen, wenn man daran schlägt. Bei starkem Wasserandrang, Anschneiden wasserführender Sandschichten, Arbeiten im sogenannten Treibsand, Moor, Schlamm usw. ist sorgfältigster Einbau von Spundbohlen und peinliche Verzimmerung der Baugrube geboten.

Die richtige Höhenlage der Rohre ist dauernd vom Bauleitenden zu prüfen, um Säcke in der Leitung zu vermeiden. Von Schacht zu Schacht sind die Höhen durch Nivellement genau festzulegen, dazwischen können sie mit Visierbrettern unter Zuhilfenahme von Meßlatten angegeben werden. Die Güte des verwendeten Rohrmaterials ist vor dem Einbau festzustellen, Zerschlagen einzelner Stücke, Probebelastungen des Scheitels und im Zweifelsfalle Untersuchung einzelner Probestücke durch einen Spezialsachverständigen oder eine öffentliche Prüfungsanstalt müssen die nötige Sicherheit für die einwandfreie Beschaffenheit geben. Auch die gänzliche Dichtigkeit der verlegten Rohre muß von Schacht zu Schacht durch inneres Ableuchten und im Notfalle durch Abdrücken mit Wasserfüllung nachgeprüft werden, da sonst der Kanal entweder Schmutzwasser in den Untergrund entweichen läßt oder Drainagewasser in unbekannten Mengen den Reinigungsanlagen zuführt und schließlich im Querschnitt nicht ausreicht. Auch das Einbringen des Bodens in niedrigen Lagen und das Feststampfen will dauernd überwacht sein, um spätere Straßensenkungen zu vermeiden.

Bei Straßenbauten ist die richtige Lage nach Länge, Breite und Höhe von dem Bauleitenden selbst abzustecken und ihre Innehaltung während der Ausführung zu überwachen. Die Güte des Materials nach der eingereichten Angebotsprobe und den Bedingungen ist immer wieder zu prüfen, nicht Genügendes ist zurückzuweisen. Dies gilt bei Steinen in bezug auf Material, Abmessungen und Bearbeitung, bei Asphalt oder Teerstraßen namentlich bezüglich der chemischen Beschaf enheit. Soweit der Bauleiter zur Anstellung solcher Untersuchungen nicht befähigt ist, zieht er ein öffentliches Untersuchungsamt oder die Prüfungsstelle des Vereins für Teerforschung oder ähnliche Ämter zur Mitwirkung in ausreichendem Maße heran.

Bei Spezialbauten in Beton ist sowohl die Güte des Zements und Kiessandes als auch die Innehaltung der richtigen Mischungsverhältnisse, die vorschriftsmäßige Einlage der Eisen, die sorgfältige Verarbeitung des Betons und seine genügende Anfeuchtung während der Abbindezeit zu beachten. Auch hierbei wird man das Material in gelegentlichen Stichproben durch ein Prüfungsamt untersuchen lassen. Im übrigen beschränkt sich die Tätigkeit des Bauleiters bei diesen Arbeiten auf die Kontrolle der Höhen und Maße, sowie der zweckmäßigen Absteifung und nicht zu frühen Aussteifung. Alles andere wird er im allgemeinen der Betonfirma selbst überlassen können, die immer nur mit Spezialfachleuten zu arbeiten pflegt.

Bei Betonkanälen oder Betongründungen muß vorher der Boden genau nach seiner chemischen Beschaffenheit geprüft werden. Es hat sich nämlich in der Praxis herausgestellt, daß die Anwesenheit von Schwefelkies in moorigem Grund dem Beton sehr gefährlich ist, weil die durch Verwitterung entstehende verdünnte Schwefelsäure den Zement durch Gipsbildung zerstört. Der beste Beton wird in solchem Boden nach kurzer Zeit brüchig und zerfällt in seine Kiesbestandteile, der Zement ist mehr oder weniger verschwunden. Es wird in solchem Falle zweckmäßig sein, auf die Betonausführung ganz zu verzichten, oder durch einen geeigneten Spezialfachmann die nötigen, in ihrem Erfolge aber nie ganz sicheren Schutzmaßnahmen treffen zu lassen.

5. Abrechnung.

Nachdem die ersten Bauarbeiten ausgeführt sind, beginnt neben der Überwachung der Ausführung die Abrechnung, d. h. die Feststellung der wirklich geleisteten Arbeit, ihre Berechnung nach den Einheitssätzen des Angebots und die Auszahlung des Wertes an die Unternehmer. Im allgemeinen ist kein Unternehmen heute in der Lage, ohne Schädigung seiner Interessen größere Arbeiten ohne Zwischenzahlung bis zu Ende zu führen. Deshalb ist es Pflicht jedes Bauleitenden, es durch rechtzeitige und angemessene Abschlagszahlungen wirtschaftlich zu unterstützen.

Je kleiner das Unternehmen noch ist, desto nötiger ist der rechtzeitige Eingang von Zahlungen. Oft genug wird erst dadurch einem Anfänger das allmähliche Emporarbeiten ermöglicht. Aus diesen Erwägungen ist es bei allen Behörden üblich, während der Ausführung auf die schon fertiggestellten Leistungen Abschlagszahlungen bis $^9/_{10}$ des Wertes zu geben. Zu dem Zwecke muß der Unternehmer in einer vorläufigen, nach Schätzung an Hand der Angebotsmassen aufgestellten Abrechnung die geleisteten Arbeiten nachweisen, um Überzahlungen zu vermeiden. Die Richtigkeit dieser Abrechnungen ist zu prüfen, von $^9/_{10}$ der Schlußsumme die schon geleistete Abschlagszahlung abzuziehen und der abgerundete Rest als nächste Zahlung anzuweisen.

Außer diesen Abschlagszahlungen sind aber fortlaufend kleinere Rechnungen über geringfügige, völlig erledigte Leistungen, Baustofflieferungen usw. zu begleichen, deren Prüfung ebenfalls im Interesse der Handwerker nicht auf die lange Bank geschoben werden darf. Jeder Bauleiter sollte sich stets darüber klar sein, daß nicht nur er von dem Unternehmer pünktliche Arbeit, sondern dieser auch von ihm pünktliche Zahlung zu verlangen hat. Vor allem sollte er sich vor der leider soviel beliebten schikanösen Zurückhaltung von Zahlungen zur Erreichung bestimmter Zwecke fernhalten. Es grenzt an Erpressung, wenn der zwischen beiden Parteien unstreitig festgestellte Teil der Gesamtsumme nicht ausgezahlt wird, um den Unternehmer zur Anerkennung der vom Bauleiter einseitig aufgestellten oder zusammengestrichenen Abrechnung des anderen Teiles zu zwingen. Im Prozeßfalle würde das Gericht im allgemeinen ein solches Verhalten schwer rügen und die rechtlichen Folgen daraus ziehen. Außerdem steht dem Unternehmer, wenn er wirklich zur Abwendung eines augenblicklichen wirtschaftlichen Nachteils eine für ihn ungünstige und zweifelhafte Abrechnung anerkannt hat, doch stets der Rechtsschutz der späteren Anfechtung wegen Irrtums zur Seite. Der gewollte Zweck solcher Vergewaltigung wird also nicht einmal erreicht. Glaubt man mit gutem Gewissen an der Abrechnung des Unternehmers größere Abstriche vornehmen zu müssen, so zahle man das unstreitig Feststehende voll aus und überlasse es dem Unternehmer, ob er seine Gegengründe für stichhaltig genug hält, um wegen der gestrichenen Summen eine Klage gegen den Bauherrn anzustrengen. Dann ist an der Rechtslage gar nichts geändert, dafür aber der Boden der anständigen Verhandlungsfähigkeit nicht verlassen, was sich mindestens in Ton und Form des an sich schon lästigen Prozesses bezahlt zu machen pflegt.

Über die während der Bauausführung nötig werdenden Tagelohnarbeiten müssen fortlaufende, genaue Aufzeichnungen gemacht werden, um spätere Zweifel und Streitigkeiten auszuschließen. Im allgemeinen pflegt man dazu vorzuschreiben, daß der Unternehmer grundsätzlich keine sogenannten Tagelohnarbeiten außer den Akkordarbeiten des Angebots ausführen darf, ohne daß der Bauleiter sie ihm oder seinem Vertreter gegenüber besonders angeordnet hat.

Alle vom Unternehmer aus eigenem Antrieb ohne Ermächtigung des Bauleiters gemachten Tagelohnarbeiten sind aus der Rechnung zu streichen. Nur so kann man sich vor den bewußten Übervorteilungen durch verschleierte Tagelohnarbeiten schützen. Gute Unternehmer fügen sich in ihrem eigenen Sauberkeitsinteresse willig diesem kleinen Zwang, auf schlechte aber braucht man keine weichherzige Rücksicht zu nehmen.

Nachdem die Tagelohnarbeit als solche von der Bauleitung angeordnet ist, hat der Vertreter des Unternehmers an jedem Morgen dem Bauleiter den Lohnzettel des vorherigen Tages in zwei Durchschriften zu übergeben und das eine, vom Bauführer durch Unterschrift anerkannte Stück seiner Firma zur Abrechnung vorzulegen. Das andere behält die Bauleitung zur Prüfung der Rechnung. Auf diese Weise wird jeder Zweifel an der Richtigkeit der angesetzten Stunden sofort am Tage nach der Arbeit durch Rücksprache zwischen Bauführer und Polier behoben und späterer Abrechnungsstreit vermieden. Außerdem aber übersieht der Bauleiter schon während der Herstellung die Kosten der Arbeit und kann rechtzeitig seine Verfügungen ändern, wenn seine Mittel nicht genügen.

Die Rechnungen über Tagelohnarbeiten sind am besten schon sofort nach Prüfung während des übrigen Baufortganges voll zu begleichen, da an ihnen doch durch die Aufmessung und Abrechnung des Baues nichts mehr geändert wird.

Arbeiten, die später nicht mehr zugänglich sind, müssen vor ihrer Verdeckung aufgemessen und abgerechnet werden. Dazu gehören in erster Linie alle Erdarbeiten und Fundamente, ebenso die Kanalarbeiten vor dem Zufüllen der Baugrube, die Unterbauarbeiten bei Straßenbauten usw. Der Bauführer hat mit dem Unternehmer zusammen alle Maße an Ort und Stelle zu nehmen und die Aufzeichnungen in zwei Ausfertigungen mit beiderseitiger Unterschrift herzustellen, von denen eine beim Unternehmer, die andere bei dem Bauleitenden bis zur Abrechnung verbleibt.

Alle übrigen Arbeiten werden möglichst bald nach ihrer Fertigstellung vom Unternehmer und Bauleiter in derselben Weise gemeinsam gemessen und ebenfalls abgerechnet, um die lange Verschleppung der Bauabrechnung nach Bezug des Hauses oder Betriebsübergabe zu vermeiden. Ebenso wie bei den Abschlagszahlungen sollte sich auch bei den Schlußzahlungen der Bauleitende immer erinnern, daß er und sein Bauherr der wirtschaftlich Starke, der Unternehmer in vielen Fällen der Schwache ist, der durch baldige Auszahlung seines Lohnes gestützt werden muß. Die beliebte jahrelange Verzögerung von Abrechnungen muß aufhören. Wo sie aber einmal aus wichtigen Gründen nicht ganz zu vermeiden ist, da gehe man wenigstens mit Abschlagszahlungen bis an die Grenze des Möglichen und verzinse den Rest angemessen.

Im einzelnen lassen sich für die Abrechnung kaum besondere Vorschriften geben, das darüber Nötige pflegt in den besonderen Bedingungen der Bauausführung gesagt zu sein. Nach Möglichkeit muß dieselbe Art der Berechnung durchgeführt werden, wie sie dem Anschlage zugrunde liegt, damit die Projektierung und spätere Ausführung vergleichsfähig werden.

Eine besondere Art der summarischen Abrechnung ist bei dem Abschnitt über Veranschlagung schon erwähnt, die Berechnung nach Kubikmetern des umbauten Raumes. Davon wird bei Vergebung einer größeren Zahl ganz gleichartiger Bauten, wie z. B. bei den Typenhäusern einer Wohnkolonie an einen Generalunternehmer häufig Gebrauch gemacht. Wenn man die ungeheure Arbeit der Einzelabrechnung solcher Bauten einmal in der Praxis kennen gelernt hat, so wird man gerne von dieser Vereinfachung Gebrauch machen, wo es irgend geht.

Vorbedingung dafür müssen aber ein absolut zuverlässiger Unternehmer und ganz genaue, bis ins einzelne ausgearbeitete Pläne, Angebote und Bedingungen sein. Ebenso muß über jedem Zweifel stehen, in welcher Weise die Kubikmeter umbauten Raumes berechnet werden sollen, welche Teile also dazu gehören, und welche Teile, wie das Dach, nicht berücksichtigt werden. Dann aber ist diese Abrechnungsart nur zu empfehlen.

Eine besondere Art der Abrechnung ist die bei Behörden noch manchmal übliche Revisionsabrechnung, bei der aus den einzelnen Rechnungen der verschiedenen Unternehmer nachträglich wieder ein genauer Kostenanschlag in Form und Inhalt des seiner Zeit der Ausführung unterlegten Anschlages aufgestellt wird. Aus diesem ergeben sich dann alle Abweichungen in den Maßen und vor allem die tatsächlich erzielten Preise, so daß die Prüfungsabrechnung für spätere ähnliche Ausführungen ausgezeichnete statistische Unterlagen bietet. Aber so wünschenswert dies Ziel, so umständlich ist doch der Weg zu ihm, und deshalb wird in der Praxis nur bei großen Behörden eine derartige Berechnung aufgestellt. Wünschenswert aber ist es, daß jeder Bauleitende seine Arbeit mit der Herstellung eines genauen Exemplares von Bauzeichnungen im Maßstabe des Entwurfs abschließt, in dem alle während der Ausführung eingetretenen Veränderungen berücksichtigt sind, auch alle Rohrleitungen, Flächen, Umfänge usw. verzeichnet werden. Dieser Plan ist für spätere Änderungen, Instandsetzungen, Taxen, Verkäufe, Versicherungen usw. ungeheuer wichtig und muß deshalb vom Bauherrn als Urkunde sorgfältig aufbewahrt werden.

Einige Worte seien noch der Buchführung des Bauleitenden gewidmet.

Das sogenannte Bautagebuch soll eine Aufzeichnung aller besonderen Vorfälle auf dem Bau enthalten. Also sind hierin zweckmäßig die Daten der einzelnen Arbeitsaufträge, die beabsichtigten Termine, die Zahl der beschäftigten Handwerker und Arbeiter jedes Unternehmers, die Temperatur, die Witterung, Arbeitseinstellungen, Beginn gewisser Arbeiten, wie z. B. Putzen, Lehmstaaken, Fußbodenverlegen, Türeneinbringen, Fenstereinsetzen usw. einzutragen. Das Tagebuch wird, wenn es so eingerichtet ist, später bei vorkommenden Streitigkeiten sehr wichtige Feststellungen ermöglichen. Deshalb sollte es mindestens

auf großen Bauten gewissenhaft geführt werden. Andererseits wird es
ganz wertlos sein, wenn es nicht einigermaßen vollständig ist — also
kann man seine Bearbeitung nicht dem Bauboten übertragen, wie es
wohl gelegentlich geschieht.

Die Ausgaben des Baues müssen nach Titeln des Kostenanschlages
getrennt in einem Spezialkonto und alle zusammen noch einmal nach
fortlaufenden Nummern geordnet in einem Hauptbuch eingetragen
werden. Man muß unabhängig von der auszahlenden Stelle, welche
ihre eigenen kaufmännischen Bücher führt, stets in der Lage sein, die
bisherigen Gesamtausgaben des ganzen Baues, wie auch die Aufwendungen für die einzelnen Titel aufrechnen zu können, um danach ungefähr den Stand der Baumittel beurteilen zu können. Entsprechend ist
am Kopf jedes Spezialkontos die nach dem Kostenanschlage zulässige
Höchstsumme anzugeben.

Außerdem aber sollte kein Bauleiter versäumen, fortlaufend während
der ganzen Bauausführung nach Titeln getrennte Nachweisungen über die
voraussichtlichen Kosten der einzelnen Arbeiten nach dem Verdingungs-
ergebnis zu führen. Sobald er eine Reihe von Arbeiten ausgeschrieben
hat, stellt er die dafür im Kostenanschlag vorgesehenen Einzelsummen
in einer Tabelle zusammen. Diese Summe der verfügbaren Mittel und
der Übernahmepreis des schließlich beauftragten Meisters oder Lieferanten werden in eine Liste eingetragen und die sich ergebenden voraussichtlichen Mehr- oder Minderkosten ermittelt.

Lfd. Nr.	Gegenstand	Unter- nehmer	Verfügbar	Kosten	Mehr	Weniger
1	Maurerarbeiten . .	Meyer	6 347	5 928	—	419
2	Nachtragsangebot	„	120	350	230	—
3	Tagelöhne	„	223	200	23	
	Stand am 1. 4. 19		6 680	6 478	253	419
	weniger		166 M.			166

Das Muster zeigt, in welcher Weise das Buch eingerichtet wird, und
daß man bei gewissenhafter und vollständiger Führung jeden Augenblick in der Lage ist, die einzelnen Titel abzuschließen, die Summen zusammenzustellen und dem Bauherrn eine ziemlich genaue Auskunft über
das voraussichtliche finanzielle Ergebnis des Baues zu geben. Grundsätzlich sollte man zu jedem Quartalsersten die Nachweisung abschlie-
ßen, um sich selbst rechtzeitig vor Überraschungen zu bewahren.

Natürlich gehört dazu, daß aber auch wirklich alle Vergebungen,
auch die kleinsten, eingetragen werden. Wenn also ohne besonderes
Angebot irgend etwas gekauft wird, wenn Tagelohnarbeiten auszu üh-
ren sind, wenn durch veränderte Disposition einzelne Teile eines schon
vergebenen und daher schon in der Nachweisung verzeichneten Auftrages anders ausgeführt werden, wodurch sich die Kosten vergrößern

oder verringern — kurz wenn überhaupt irgendein Auftrag gegeben wird, so muß sorgfältig die Kostendeckung geprüft und das Ergebnis in die Nachweisung eingetragen werden. Wer gewöhnt ist, sich auf diese Weise dauernd über die finanzielle Tragweite seiner Entschlüsse Rechenschaft abzulegen, der weiß auch, daß er erst auf Grund dieser Nachweise häufig drohende Überschreitungen noch rechtzeitig durch geeignete Änderungen verhüten konnte. Andererseits kann man einwandfrei festgestellte starke Ersparnisse mit Einwilligung des Bauherrn oft genug noch zu wesentlichen Verbesserungen des Baues während der Ausführung benutzen. Im allgemeinen kann man sagen, daß durch die gute Führung dieser Bücher aus dem sonst üblichen Rätselraten über den Ausgang des Baues ein ganz klares und sicheres Rechenexempel wird, mit dem man dem Bauherrn Vertrauen in die Zuverlässigkeit des Bauleiters abgewinnt. Voraussetzung ist aber auch hier wieder genaueste und vollständige Aufstellung des Kostenanschlages und der Verdingungsangebote, da sonst die finanzielle Nachweisung durch die veränderten Massenberechnungen der Abrechnung gänzlich über den Haufen geworfen und oft genug statt einer Ersparnis eine beträchtliche Überschreitung zur Verwunderung des Bauherrn erzielt wird.

Falls er mit der Abnahme der Materialien zu tun hat, diese also nicht von den Unternehmern für ihre Arbeiten selbst geliefert und mit dem Akkordlohn zusammen abgerechnet werden, muß er über jede Materiallieferung einen Lieferzettel aufbewahren und der späteren Abrechnung zugrunde legen.

Daß wichtige Briefe im Durchschlag oder im Kopierbuch vorhanden sein und der gesamte Schriftwechsel nach Unternehmern geordnet aufbewahrt werden muß, dürfte sich von selbst verstehen. Ebenso müssen wichtige Gespräche, mündliche Aufträge, Bestellungen durch Fernsprecher in irgendeiner Art kurz notiert werden, um später etwa nötige Beweise in der Hand zu haben.

Wir lassen jetzt einige allgemeine und besondere Bedingungen für Ausführung von Arbeiten und Lieferung von Baustoffen aus den Gebieten des Hochbaues folgen:

Allgemeine Bedingungen
für die Ausführung von Arbeiten und Lieferungen.

§ 1. *Art und Umfang der Leistung.* Alle Arbeiten müssen nach den besten Regeln der Technik und des Handwerks ausgeführt werden. Für die Art und den Umfang der Leistungen sind die Ausführungszeichnungen, das Angebot und seine Unterlagen, die eingereichten Proben, die Bedingungen und der Zweck des Baues maßgebend. Änderungen der Vordersätze oder sonstige Abweichungen bleiben vorbehalten.

Bei der Prüfung der Bauunterlagen und während der Ausführung des Baues hat der Unternehmer auf den Zweck, dem der Bau dienen soll, zu achten und Abänderungsvorschläge zu machen, wenn dies zur Erreichung des Zweckes nach seiner Ansicht nötig ist.

§ 2. *Änderung der Löhne usw.* Der Unternehmer bleibt an die vereinbarten Einheitspreise auch dann gebunden, wenn die Arbeits- und Fuhrlöhne oder die Materialpreise sich während der Ausführung ändern.

§ 3. *Mehr- oder Minderleistungen.* Mehr- oder Minderleistungen werden bis zu 20 % nach den Einheitspreisen des Angebots vergütet oder abgezogen; darüber hinaus sind die Preise vor der Ausführung besonders zu vereinbaren.

Der Unternehmer darf Mehr- oder Minderleistungen aller Art und sonstige Abweichungen von den Grundlagen des Angebots nicht ohne ausdrückliche Zustimmung des Bauleiters ausführen. Dieser darf jede von dem Unternehmer einseitig bewirkte Änderung auf dessen Kosten wieder beseitigen lassen.

§ 4. *Änderung der Bauausführung, Mehrforderungen.* Der Unternehmer hat über solche Arbeiten und Leistungen, die mit Einverständnis des Bauleiters abweichend vom Bauplan oder Angebot ausgeführt werden, vor Beginn ein besonderes Angebot einzureichen. Wenn er dieses unterläßt, bestimmt der Bauleiter endgültig die Preise.

Glaubt der Unternehmer wegen besonderer Nebenumstände oder Mehrleistungen einen Anspruch auf Erhöhung seiner Angebotspreise oder auf besondere Vergütungen zu haben, so hat er dies vor Beginn der Arbeit oder, falls sich die Umstände erst während des Baues herausstellen, sofort nach Kenntnis dem Bauleiter schriftlich anzuzeigen und seine Mehrforderungen zu begründen. Später gestellte Ansprüche werden nicht berücksichtigt.

§ 5. *Fristen.* Die Fristen für Beginn und Fertigstellung werden im Angebot besonders bestimmt. Sollte der rechtzeitige Beginn oder die fristgemäße Fortführung der Leistungen durch andere Unternehmer gehindert werden, so setzt der Bauleiter die Fristen auf Antrag des behinderten Unternehmens neu fest.

Unterläßt der Unternehmer diesen Antrag, so werden die Fristen nicht geändert.

§ 6. *Verzugsstrafe.* Falls der Unternehmer durch säumiges Verhalten die übernommenen Leistungen ganz oder teilweise nicht innerhalb der vorgeschriebenen Fristen fertigstellt, ist der Bauleiter berechtigt, für jede angefangene Woche der verspäteten Vollendung eine Verzugsstrafe von 1 % der ganzen Angebotssumme, bei Teilfristen 1 % der entsprechenden Teilsumme von dem Guthaben des Unternehmers oder der geleisteten Sicherheit einzuhalten.

§ 7. *Entziehung des Auftrages.* Der Bauleiter darf dem Unternehmer den Auftrag durch Einschreibebrief ganz oder teilweise entziehen und den noch nicht vollendeten Teil auf Kosten des Unternehmers anderweitig ausführen lassen, wenn die Leistungen mangelhaft sind oder nicht im richtigen Verhältnis zu den Ausführungsfristen stehen. Von der Entziehung wird abgesehen, wenn der Unternehmer auf die schriftliche Aufforderung innerhalb der ihm gesetzten Frist die bemängelten Leistungen durch bedingungsgemäße ersetzt oder in der verlangten Weise beschleunigt.

Entzieht der Bauleiter den Auftrag, so werden die schon ausgeführten Leistungen in Gegenwart des Unternehmers nach den Angebotspreisen festgestellt. Ist der Unternehmer trotz Aufforderung nicht im Termin vertreten, so setzt der Bauleiter die Vergütung nach Maßnahme der Angebotspreise einseitig fest.

Die vorhandenen Leistungen werden nach Abzug der durch Säumigkeit oder mangelhafte Arbeit herbeigeführten Mehrkosten und der Verzugsstrafe berechnet und bezahlt.

§ 8. *Behinderung oder Unterbrechung der Leistungen.* Glaubt der Unternehmer durch Maßnahmen des Bauleiters in der Ausführung der übertragenen Leistungen gehindert zu sein, so muß er hiervon schriftliche Anzeige machen und, wenn nötig, eine Verlängerung der bedungenen Vollendungsfrist beantragen. Unterläßt er diese Anzeige, so bleibt er an die im Angebot festgesetzten Fristen gebunden, ohne später Ansprüche auf Schadenersatz zu haben.

Sollte der Fortgang des Baues ohne Verschulden des Bauleiters unterbrochen oder von der Bauausführung überhaupt Abstand genommen werden, so hat der Unternehmer nur Anspruch auf Bezahlung der nach den Angebotspreisen zu berechnenden wirklichen Leistungen. Etwaiger Schaden oder entgangener Gewinn werden nicht vergütet. Dauert die Unterbrechung länger als 6 Monate, so darf jeder der beiden Teile vom Angebot zurücktreten. Der Rücktritt muß aber schriftlich und spätestens 14 Tage nach Ablauf der 6 Monate erklärt werden, sonst läuft das Angebot unter den gleichen Bedingungen weiter.

Hindert der Unternehmer durch säumige Lieferung oder Arbeit einen anderen an demselben Bau beschäftigten Unternehmer, so hat er dem Bauherrn für alle deshalb gegen ihn geltend gemachten Ansprüche Ersatz zu leisten.

§ 9. *Nebenleistungen, Rüstungen usw.* In den vereinbarten Preisen ist die Entschädigung für Werkzeug, Geräte und Rüstungen, sowie für das Heranschaffen der Materialien von den auf der Baustelle befindlichen Lagerplätzen nach der Verwendungsstelle enthalten. Die Bewachung und Aufbewahrung seines Eigentums liegt dem Unternehmer ob. Für Güte und Stärke der Rüstungen und Absteifungen nach den Vorschriften der Baupolizei und der Berufsgenossenschaft trägt der Unternehmer die ausschließliche Verantwortung. Gleichwohl ist er verpflichtet, auf Anordnung des Bauleitenden zur Verhütung von Unglücksfällen die Rüstungen, Absteifungen usw. unverzüglich auf seine Kosten zu ergänzen oder zu verstärken, andernfalls ist der Bauleiter berechtigt, dies auf Kosten des Unternehmers durch einen Dritten durchzuführen. Rüstungen und Absteifungen, welche ein Unternehmer nach dem Angebot herzustellen hat, sind auch anderen Bauhandwerkern so lange unentgeltlich zur Benutzung zu überlassen, als sie ersterer gebraucht. Bevor andere Handwerker die Gerüste benutzen, haben sie sich von der Standfestigkeit und Sicherheit der Rüstungen zu überzeugen, so daß sie der Berufsgenossenschaft gegenüber allein verantwortlich sind. Der Unternehmer hat kostenlos alle zu den Absteckungen, Höhenmessungen und Abnahmevermessungen erforderlichen Arbeitskräfte und Geräte zu stellen.

Jeder Unternehmer hat den von ihm herrührenden Bauschutt oder die Baumaterialienabfälle auf eigene Kosten aus dem Bau zu beseitigen und abzufahren. Kommt er einer dahin gehenden Aufforderung nicht binnen 2 Tagen nach, so ist der Bauleiter berechtigt, den Schutt oder die Abfälle selbst zu beseitigen und die Kosten von seinem Guthaben abzuziehen.

§ 10. *Ordnungsvorschriften.* Der Unternehmer muß auf Ersuchen des Bauleitenden auf der Baustelle gehörig vertreten sein, so oft die baulichen Anordnungen eine Rücksprache erforderlich machen. Die sämtlichen auf dem Bau beschäftigten Leute des Unternehmers müssen den Anordnungen des Bauleitenden über die Bauausführung Folge leisten, widrigenfalls sie sofort von der Baustelle entfernt werden.

§ 11. *Haftpflicht des Unternehmers für Beschädigungen.* Der Unternehmer haftet für die Handlungen seiner Angestellten persönlich. Er muß jeden Schaden, den er oder seine Leute dem Bauherrn oder Dritten zufügen, sofort ausbessern. Gerät er hiermit in Verzug, so ist der Bauleiter berechtigt, den Schaden auf seine Kosten zu beseitigen.

§ 12. *Wertvolle Funde.* Werden merkwürdige oder geschichtlich beachtenswerte Natur- und Kunsterzeugnisse, Altertümer, Münzen, Gebeine, ältere Mauerteile, verwendbare Baumaterialien usw. bei Ausführung der Arbeiten gefunden, so ist dem Bauleiter sofort Anzeige zu erstatten. Das Eigentumsrecht an den Funden bleibt dem Bauherrn.

§ 13. *Aufmaß verdeckter Teile und Abnahme von Arbeiten und Lieferungen.*
Der Unternehmer und der Bauleiter haben gemeinsam über alle später
nicht mehr nachzumessenden Arbeiten sofort nach Ausführung Aufmaße
zu nehmen, die beiderseitig anerkannt und später der Abrechnung zugrunde
gelegt werden müssen.

Die Vollendung der Arbeiten und Lieferungen hat der Unternehmer anzuzeigen, worauf der Abnahmetag mit möglichster Beschleunigung anbe-
raumt wird. Ist der Unternehmer trotz Aufforderung bei der Abnahme nicht
vertreten, so hat er die Aufzeichnungen des Bauleiters anzuerkennen.

§ 14. *Abrechnung.* Der Unternehmer hat bei oder alsbald nach der Schluß-
abnahme mit dem Bauleitenden zusammen alle Ausführungsmaße aufzunehmen und darauf seine auf Grund der wirklichen Leistungen aufzustel-
lende Kostenrechnung mit Maßenberechnung in einfacher Ausführung in
der festgesetzten Frist einzureichen.

Die Kostenrechnung muß sich in der Form, Ausdrucksweise, Bezeichnung
der Räume und Reihenfolge der Einzelarbeiten genau dem Angebot bzw.
der Massenberechnung anschließen. Etwaige Mehrarbeiten sind in besonderer Rechnung nachzuweisen, unter deutlichem Hinweis auf die schrift-
lichen Vereinbarungen, welche vor ihrer Ausführung getroffen worden sind.

§ 15. *Abtretung der Forderung.* Der Unternehmer ist nur mit Genehmigung des Bauherrn berechtigt, Forderungen aus Leistungen und Lieferungen an Dritte abzutreten oder zu verpfänden.

§ 16. *Übertragung an Dritte.* Ohne Genehmigung des Bauherrn darf der
Unternehmer seine vertragsmäßigen Verpflichtungen nicht auf andere
übertragen. Verfällt der Unternehmer vor Erfüllung des Vertrages in Zah-
lungsschwierigkeiten, so ist der Bauherr berechtigt, den Vertrag mit dem
Tage der Zahlungseinstellung aufzuheben. Dem Unternehmer wird dann
nur das bereits Geleistete nach den Preisen des Angebots vergütet. Stirbt
der Unternehmer, bevor der Vertrag vollständig erfüllt ist, so kann der Bauherr nach Wahl das Vertragsverhältnis mit den Erben fortsetzen oder es
als aufgelöst betrachten.

§ 17. *Tagelohnarbeiten.* Tagelohnarbeiten sind nur mit ausdrücklicher
Genehmigung des Bauleitenden zulässig. Eine Liste der dabei beschäftigten
Leute, auf welcher auch der Materialverbrauch für die Tagelohnarbeiten
vermerkt sein muß, ist vom Unternehmer dem Bauleitenden zur Prüfung
ihrer Richtigkeit täglich vorzulegen. Etwaige Einwendungen sind dem
Unternehmer binnen 24 Stunden mitzuteilen. Auf Grund dieser vorläufigen
Listen sind 14tägige Lohn- und Materialnachweisungen in doppelter An-
fertigung dem Bauleitenden zur Bescheinigung vorzulegen.

Auf je 15 Arbeitsstunden eines Gesellen und je 20 Arbeitsstunden eines
Arbeiters ist je 1 Arbeitsstunde eines Poliers zu rechnen.

Die anerkannte zweite Ausfertigung wird dem Unternehmer wieder
ausgehändigt und ist der Tagelohnrechnung anzuheften. Die Tagelohn-
rechnungen sowie die Rechnungen für Materiallieferungen der Tagelohnarbeiten sind vierteljährlich vom Unternehmer in einfacher Ausfertigung
einzureichen. Auf Rechnungen ohne schriftlich anerkannte Wochenzettel
werden keine Zahlungen geleistet.

§ 18. *Zahlungen.* Dem Unternehmer können bei befriedigendem Fortgang seiner Leistungen auf seinen Antrag während der Bauausführung
Abschlagszahlungen auf Grund von Zwischenrechnungen in runden Summen bis zu $^9/_{10}$ der nachgewiesenen Leistungen gewährt werden. Soweit
nötig, sind überschlägliche Massenberechnungen der Rechnung beizufügen.
Die Schlußzahlung auf die vom Unternehmer eingereichte Kostenrechnung
wird nach vollendeter Prüfung und Feststellung geleistet. Wenn sich bei
der Abrechnung Meinungsverschiedenheiten ergeben, so dürfen deshalb
die nicht bestrittenen Summen nicht vorenthalten werden.

§ 19. *Haftung für die Ausführung.* Der Unternehmer haftet für die sachgemäße, dem Angebot, den eingereichten Proben, den Ausführungszeichnungen und den Bedingungen genau entsprechende Ausführung seiner Arbeiten und Lieferungen vom Tage der Abnahme durch den Bauleitenden an auf die Dauer von 2 Jahren.

Der Unternehmer hat während des gleichen Zeitraumes dafür einzustehen, daß das von ihm hergestellte Werk durch seine bestimmungsgemäße Verwendung keine Beschädigung erleidet. Zeigt sich später, daß der Bau seinen Zwecken nicht genügt, obwohl die Art der Verwendung dem Unternehmer bekannt war, so hat er den Schaden zu ersetzen. Ausgeschlossen sind Beschädigungen durch höhere Gewalt.

Während der Haftzeit hervortretende Mängel sind vom Unternehmer in angemessener Frist zu beseitigen, widrigenfalls der Bauherr sie auf Kosten des Unternehmers durch einen Dritten beheben lassen darf.

§ 20. *Sicherheitsleistung.* Falls nichts anderes im besonderen Falle vereinbart wird, hat der Unternehmer für die bedingungsgemäße Erfüllung der übernommenen Verbindlichkeit binnen 8 Tagen nach Auftrag eine Sicherheit in Höhe von 5 % der Angebotssumme bei einer vom Bauherrn bestimmten Bank zu hinterlegen. In geeigneten Fällen kann, wenn die Angebotssumme 6000 Mark nicht übersteigt, von der Sicherheitsleistung Abstand genommen werden.

Die Sicherheit haftet für alle Ansprüche, die dem Bauherrn gegen den Unternehmer aus Schädigungen, Aufwendungen usw. zustehen.

Die Sicherheit kann in Wertpapieren, Sparbüchern oder Sichtwechseln gestellt werden. Den zinstragenden Wertpapieren sind die Erneuerungs- und Zinsscheine mit Ausnahme der in der Gewährszeit fällig werdenden beizufügen. Für den Umtausch der Erneuerungsscheine, die Einlösung und den Ersatz ausgeloster Wertpapiere und den Ersatz ablaufender Wechsel hat der Unternehmer zu sorgen.

Der Bauherr ist befugt, sofort von dem Angebot zurückzutreten und Schadenersatz von dem Unternehmer zu fordern, wenn dieser nicht innerhalb 14 Tagen nach Erteilung des Zuschlags die Sicherheit stellt. Die Sicherheit wird, soweit sie nicht etwa verfallen ist, zurückgegeben, wenn der Unternehmer die ihm obliegenden Verbindlichkeiten erfüllt hat und innerhalb der vereinbarten Gewährszeit Ansprüche gegen ihn nicht hervorgetreten sind.

Falls der Unternehmer irgendwie seinen Verbindlichkeiten nicht nachkommt, kann der Bauherr auf dem einfachsten, gesetzlich zulässigen Wege die hinterlegten Wertpapiere, Sparbücher und Wechsel veräußern oder die Beträge einziehen.

§ 21. *Streitigkeiten.* Streitigkeiten sind grundsätzlich im ordentlichen Rechtswege vor dem für den Ort der Bauausführung zuständigen Gericht auszutragen.

Einigen sich die Beteiligten im Einzelfalle dahin, daß Streitigkeiten durch ein Schiedsgericht erledigt werden sollen, so haben der Bauherr und der Unternehmer je einen Schiedsrichter zu ernennen. Wenn die Schiedsrichter keine völlige Übereinstimmung erzielen, wählen sie einen Obmann, dessen Stimme den Ausschlag gibt.

Dem Schiedsgericht ist die ausführlich begründete Klage binnen 6 Monaten nach der Ernennung beider Schiedsrichter zu übergeben. Eine nach dieser Frist eingereichte Klage wird nicht mehr berücksichtigt. Die Ansprüche gelten dann als erledigt.

Die Kosten des schiedsgerichtlichen Verfahrens hat der unterliegende Teil zu tragen.

Im übrigen finden die Vorschriften der §§ 1025—1048 der Zivil-Prozeßordnung Anwendung.

§ 22. *Zeichnungen und Muster.* Zeichnungen und Muster, die zu den Angeboten vorgelegt und innerhalb 2 Monaten vom Verdingungstermin an gerechnet von den Einreichenden nicht zurückgefordert sind, werden vernichtet.

§ 23. *Gültigkeit.* Die Bestimmungen der §§ 1—22 gelten nur insoweit, als durch das Angebot selbst oder die besonderen Bedingungen nichts anderes ausdrücklich bestimmt wird.

Besondere Bedingungen
für die Ausführung von Erd- und Maurerarbeiten.

§ 1. *Unterkunftsräume und Aborte.* Der Unternehmer hat nach dem Angebotspreise für seine Leute Unterkunftsräume und Aborte nach den Vorschriften der Berufsgenossenschaften an den von der Bauleitung angewiesenen Orten herzustellen, während der Bauzeit zu unterhalten, sie regelmäßig zu reinigen und zu desinfizieren und nach Beendigung des Baues zu beseitigen. Allen übrigen beim Bau beschäftigten Handwerkern hat er die Benutzung des Aborts kostenlos zu gestatten.

§ 2. *Wasserbeschaffung.* Zur Wasserbeschaffung werden von der Bauleitung je nach der Größe des Baues eine oder mehrere Entnahmestellen eingerichtet und später wieder entfernt. Der Unternehmer der Maurerarbeiten hat die Zapfstellen oder Pumpen ohne besondere Entschädigung während des Baues in gutem Zustande zu unterhalten und im Winter gegen Frost zu schützen. Weitere Entnahmestellen für seinen Bedarf hat er auf seine Kosten anzulegen. Den Wasserverbrauch bezahlt der Bauherr, soweit dem Unternehmer nicht Vergeudung des Wassers nachgewiesen wird.

§ 3. *Baustofflieferung durch den Bauherrn.* Der Unternehmer ist verantwortlich für die richtige Verwendung bauseitig gelieferter Baustoffe und hat vollen Ersatz für alle durch sein oder seiner Leute Verschulden beschädigten oder verlorenen Baustoffe zu leisten.

§ 4. *Absteifungen, Wasserhaltung usw.* Etwa nötige Absteifungen müssen im Einvernehmen mit der Bauleitung nach vorher zu vereinbarenden Preisen ausgeführt werden. Für Beseitigung von Grundwasser werden besondere Zulagen gewährt, falls dies nicht im Angebot bereits vorgesehen ist.

Der Abbruch von Fundamenten wird besonders bezahlt. In der Erde befindliche Steine mit Ausnahme großer Findlinge über $\frac{1}{2}$ cbm Inhalt, Baumstämme und sonstige Gegenstände müssen für den Vertragspreis der Erdarbeiten ohne besondere Vergütung mit beseitigt werden. In der Baugrube vorgefundener brauchbarer Bausand ist, wie der übrige Boden auszuheben und, wenn dies ohne besondere Schwierigkeiten geschehen kann, ohne erhöhte Vergütung neben der Baugrube auf besondere Haufen zu fahren. Er bleibt dann Eigentum des Bauherrn und muß vom Unternehmer zur Mörtelbereitung verwendet werden. Der Wert der verbrauchten Masse wird nach den ortsüblichen Preisen für Bausand berechnet und dem Unternehmer von seinem Guthaben abgezogen.

§ 5. *Erdarbeiten.* Die Erdarbeiten einschl. Ausheben der Böschung und des Arbeitsraumes müssen genau nach den Entwurfszeichnungen und den besonderen Angaben des Bauleitenden ausgeführt werden. Hierbei darf eine Böschung nur so weit hergestellt werden, als sie zur Verhinderung des Nachsturzes bei der vorgefundenen Bodenart jeweilig nötig ist. Bedenken des Unternehmers gegen die Richtigkeit der angeordneten Böschungsanlage sind rechtzeitig dem Bauleitenden mitzuteilen. Für Gewinnung des nötigen Arbeitsraumes ist der Böschungsfuß in 10 cm Abstand von der Außenfläche des Fundaments 50 cm über der Sohle anzulegen. Falls keine Böschung nötig ist, darf der Arbeitsraum erst in 50 cm Höhe über Bankettsohle beginnen und nicht über 30 cm im Durchschnitt breit angelegt werden. Nach der Fertigstellung und Aufmessung der Fundamente müssen sie vorschriftsmäßig hinterfüllt werden.

§ 6. *Mörtel- und Betonbereitung.* Der Mörtel muß, sofern im Angebot nicht ausdrücklich anders bestimmt ist, stets in einer gut arbeitenden Maschine bereitet werden. Er soll im übrigen nach den im Angebot vorgeschriebenen Verhältnissen von Kalk, Sand und Zement unter Anwendung eines Hohlmaßes zum Messen der einzelnen Bestandteile gemischt werden. Kalkmörtel soll im allgemeinen 1:3, Zementmörtel 1:3 bis 1:5 und verlängerter Zementmörtel 1:1:6 verarbeitet werden. Der Sand muß rein, scharf und frei von lehmigen Bestandteilen sein. Die Mischung ist auf das sorgsamste durchzuarbeiten, so daß die Sandkörner mit einer dünnen Kalkschicht ganz umgeben sind, ohne daß beim Durchschneiden des fertigen Mörtelhaufens sich Kalkflecke zeigen. Bei der Bereitung des Zementmörtels wird der Zement mit dem trockenen Sande in einer besonderen Bank vermengt. Das erforderliche Wasser ist erst auf der Verwendungsstelle zuzusetzen.

Ist Kalkmörtel 24 Stunden, Zementmörtel 3 Stunden und verlängerter Zementmörtel 6 Stunden nach der Bereitung noch nicht verbraucht, so darf er nicht mehr verwendet werden. Am Sonnabend muß nach Schluß der Arbeit aller Mörtel verbraucht sein. Den durch Nachlässigkeit nicht rechtzeitig verarbeiteten und deshalb nicht mehr brauchbaren Mörtel hat der Unternehmer dem Bauherrn zu ersetzen. Die Mörtelmaschine, die Kalkbänke, Mulden, Böcke und Maße hat der Unternehmer kostenlos vorzuhalten und zu unterhalten. Der bei dem Transport und während der Arbeit herabfallende Mörtel ist so rechtzeitig zu sammeln, daß er noch verarbeitet werden kann, widrigenfalls der Unternehmer den entstandenen Schaden zu ersetzen hat.

§ 7. *Bruchsteinmauerwerk.* Die Grundmauern der einzelnen Bauteile sollen nicht eher begonnen werden, als bis sich der Bauleitende von der guten Beschaffenheit des Baugrundes überzeugt hat. Granitfindlinge sind derart mit dem Hammer zu bearbeiten, daß jeder Stein zwei Lagerflächen erhält. Zu den Ecksteinen, welche vier ebene Flächen haben müssen, und zu der untersten Schicht sind die größten Steine auszusuchen. Alle Zwischenräume müssen sorgfältig verzwickt werden, ein nachträgliches Ausgießen trocken verlegter Steine ist unzulässig.

§ 8. *Ziegelmauerwerk.* Ziegelmauerwerk soll im Kreuzverband mit angenäßten Ziegeln lot-, flucht- und wagerecht und mit gleichmäßigen vollen Fugen in gleicher Schichtenteilung ausgeführt werden. An den Anschlüssen ist niemals stehende Verzahnung, sondern Abtreppung auszuführen. Luftschichtmauerwerk ist im allgemeinen pro qm mit mindestens 10 Stück durchbindenden, mit heißem Goudron getränkten Steinen zu verankern, die Luftschichten sind von Mörtel und Schutt reinzuhalten. Unter Balken- und Trägerlagen sind sie mindestens drei Schichten hoch zu übermauern, nachdem eine sorgfältige Reinigung des Hohlraumes von etwa hineingefallenem Mörtel usw. stattgefunden hat. Zum Ablassen von Wasser sind über jeder Luftschichtsohle genügende Öffnungen zu belassen, welche nachträglich vermauert werden müssen.

Bei Fachwerkwänden sind die Ziegel zwischen die mit Leisten versehenen Verbandhölzer scharf einzupassen und zuzuhauen. Findet die Ausmauerung mit Lochsteinen statt, so ist für jeden Stein ein starker Nagel in den Stiel zu schlagen und der mit Mörtel ausgefüllte Stein scharf gegen den Stiel zu pressen.

§ 9. *Verblendung.* Die Verblendung ist vor Beschädigungen und Verunreinigung durch geeignete Vorkehrungen zu bewahren. Vor dem Fugen ist die Verblendung durch Abwaschen mit stark verdünnter Salzsäure sorgfältig zu reinigen. Abschleifen beschmutzter Steine ist untersagt. Die Fugen sind vor dem Erhärten des Mörtels 1½ cm tief auszukratzen und zu säubern. Werden die Wandflächen nur gefugt und geweißt, so ist bei der Ausführung des Mauerwerks dafür zu sorgen, daß diese Flächen besonders eben und in regelmäßigem Verbande hergestellt werden.

§ 10. *Gewölbe und Bögen.* Flache Kappen sind auf Schwalbenschwanz einzuwölben, bis ⅓ der Scheitelhöhe zu hintermauern und mit einer Mörtelschicht glatt abzugleichen. Gurtbögen sind stets 1½ Stein hoch und im Verbande herzustellen. An den Widerlagern sind gleich beim Aufführen der Mauern die nötigen Flächen für den Anfang der Bögen bzw. Gewölbe herzustellen, bei Pfeilern sind die Widerlager vorzukragen. Deckengewölbe des einen oder anderen Geschosses dürfen vor Eindeckung des Daches, während der Herstellung des aufgehenden Geschoßmauerwerks nur dann ausgeführt werden, wenn die gewölbten Flächen sofort nach ihrer Fertigstellung gegen Eindringen von Regenwasser mit einem Zementguß geschützt werden. Außerdem sind im Gewölbe an den Widerlagern zur Ableitung des Regenwassers Abzugslöcher vorzusehen und später zu vermauern.

§ 11. *Kanäle.* Schornsteine und Luftkanäle sind aus besonders ausgesuchten Steinen oder Verblendmaterial herzustellen, von unten bis oben in gleichem Querschnitt zu halten und innen sauber zu fugen. Luftkanäle sind wie Schornsteine gegen Holz zu isolieren; der Unternehmer ist verpflichtet, Verstopfungen in den Röhren zu verhüten, widrigenfalls er allen hieraus erwachsenen Schaden zu tragen hat. In den Mündungen der Schornsteine sind die Rohrstutzen sauber einzumauern, die frei durch den Dachraum geführten Rohre sind mit ausgekragten Schichten gegen das Holzwerk zu stützen.

§ 12. *Vermauern der Balken und eisernen Träger.* Unter jedem Träger sind drei Schichten des Mauerwerks in Zementmörtel zu mauern, der Träger selbst ist auf Zementmörtelbett zu legen. Die Balkenköpfe sind durch unterlegte und vor die Stirnfläche vorgelegte, bauseitig zu liefernde Dachpappe zu schützen, seitlich und vor Kopf trocken und teilweise hohl zu ummauern, so daß die Luft freien Zutritt hat.

§ 13. *Werksteinmauerwerk.* Die Fugen müssen lot- und wagerecht und möglichst eng sein. Zum Versetzen sollen nicht Holzkeile, sondern Schieferstücke, Blechabschnitte oder Bleiplatten verwendet werden. Sind letztere nach Ansicht der Bauleitung nötig, so wird hierfür eine besondere Vergütung vereinbart. Die zum Versetzen der Werksteine erforderlichen Rüstungen und Hebezeuge sind ohne besondere Vergütung vorzuhalten. Ausgenommen sind abgebundene Rüstungen zum Versetzen ganzer Werksteinfassaden, für die besondere Preise vereinbart werden.

§ 14. *Gerüste.* Die Gerüste, Verschalungen, Abdeckungen, Lehrbögen und Lehrgerüste müssen unter Berücksichtigung der zufälligen Belastungen durch Aufhäufung von Baustoffen aller Art nach den Baupolizei- und Unfallverhütungsvorschriften so sicher hergestellt werden, daß keinerlei Gefahr für die Arbeiter entstehen kann. Der Unternehmer ist allein verantwortlich für allen durch Nichtbeachtung der Vorschriften verursachten Schaden. Die für das Aufziehen der Balken und dgl. notwendigen Änderungen und die hierdurch bedingte teilweise Beseitigung und Wiederherstellung der Rüstungen sind vom Unternehmer der Maurerarbeiten nach Vereinbarung des Preises mit dem betreffenden anderen Unternehmer auszuführen.

§ 15. *Putzarbeiten.* Der Putz an den inneren Wänden muß eben, glatt und ohne Risse hergestellt werden, wozu der Sand vom Unternehmer entsprechend fein geliefert oder ohne weitere Entschädigung gesiebt werden muß. Vor dem Auftragen des Wandputzes ist das Mauerwerk abzufegen und zu nässen, mürber Mörtel aus den Fugen zu beseitigen. Beim Rohren der Decken muß gut geschältes, vollkommen reifes, gerades Rohr verwendet und durchschnittlich in lichten Zwischenräumen von etwa 7 mm gelegt und mit 1,6 mm starkem, verzinktem Draht in Abständen nicht über 15 cm mit mindestens 2,5 cm langen Rohrnägeln in 8—10 cm Abstand von einander gut befestigt werden. Die Drahtzüge sind bei den Stößen im Zickzack zu führen. Das Rohr ist so abzuschneiden, daß die geringste Stärke am spitzen Ende mindestens 5 mm beträgt. Glatter Putz muß stets auf Lehren hergestellt werden und ist in zwei Lagen auszuführen. Die zweite Putzschicht muß aufgetragen werden, solange die erste noch feucht ist. Zementputz ist bis zum Abbinden feucht zu halten. Das Ziehen von Gesimsen muß mit der größten Sorgfalt geschehen, so daß alle Kanten und Gliederungen scharf und geradlinig sind. Zum Ziehen sollen deshalb nur mit Metall beschlagene Schablonen verwendet werden, die genau den übergebenen Detailzeichnungen entsprechen müssen. Verkröpfungen von Gesimsen, die aus freier Hand gemacht werden, sind genau nach den Schablonen zu bearbeiten.

§ 16. *Schutzvorrichtungen.* Alle Gesimse, Werksteine usw. hat der Unternehmer während der Arbeiten derartig durch Überdeckung unentgeltlich zu schützen, daß Beschädigungen und Verunreinigungen nicht vorkommen können. Treppenstufen sind stets durch vernagelte Brettlagen abzudecken, was im Angebot vorzusehen ist.

§ 17. *Nebenleistungen.* Als nicht besondes zu vergütende Nebenleistungen sind in die Preise für die entsprechenden Maurerarbeiten einzurechnen: die Anlegung und Einwölbung der Gurtbogenöffnungen und der Entlastungsbögen, die Ausmauerung des Abstandes der Ortbalken, das Ausrunden von ein- und ausspringenden Putzkanten bis zu 15 mm Radius im Innern des Gebäudes, die Abgleichung der Bruchsteinmauern mit Ziegelroll- oder Flachschichten, das hohle Vermauern der Balkenköpfe, die Hintermauerung der Gewölbe bis $\frac{1}{3}$ der Stichhöhe, sämtliche zur Ausbildung der Fassaden gehörigen Arbeiten, z. B. Herstellung der Tür- und Fensterumrahmungen, Gesimse, Bekrönungen usw., soweit hierfür nicht besondere Zulagen im Angebot vorgesehen sind, ferner das Aufbringen und Einmauern sämtlicher Unterlagshölzer, das Hervorsuchen bauseitig gelieferter, mit Nummern und Zeichen versehener Materialien, Sandstein- und Granitwerkstücke, Träger mit Säulen, Kleineisenzeug und dgl. auf den Lagerplätzen und das Hinschaffen solcher Gegenstände nach den Verwendungsstellen.

§ 18. *Abrechnung.* Zur Abrechnung hat der Unternehmer die Massenberechnung und die zur Erläuterung nötigen Zeichnungen selbst anzufertigen und danach die Schlußrechnung in einfacher Ausfertigung in einer dem Umfange des Baues entsprechenden angemessenen Frist, mindestens aber 3 Monate nach Fertigstellung einzureichen. Wird diese Frist ni ht innegehalten, so ist die Bauleitung berechtigt, die Rechnung nebst allen Unterlagen selber aufzustellen und dem Unternehmer die hierdurch entstandenen Kosten von seinem Guthaben in Abzug zu bringen. Außerdem muß dann der Unternehmer die Angaben der Bauleitung als richtig anerkennen, ohne Einspruch dagegen erheben zu dürfen.

§ 19. Die Vordersätze der Rechnungen werden nach folgenden Grundsätzen ermittelt:

I. Die Erdarbeiten werden nach den wirklichen Leistungen vergütet, soweit sie den übergebenen Zeichnungen und den örtlichen Anweisungen der Bauleitung entsprechend hergestellt sind. Das Aufmaß erfolgt auf Grund eines vor Beginn der Arbeiten seitens der Bauleitung aufzunehmenden und vom Unternehmer schriftlich anzuerkennenden Höhennetzes.

II. Bei der Berechnung des aufgehenden Mauerwerks werden abgezogen:

A. Vom Arbeitslohn.
1. Öffnungen, deren Überdeckung oder Überwölbung in einem anderen Stockwerk liegt.
2. Alle mit Trägern und Balken überdeckten Öffnungen und Nischen über 2 m lichter Spannweite bis Unterkante der überdeckten Konstruktion.
3. Öffnungen in Holz- und Eisenfachwänden über 1 qm Fläche.

B. Vom Material, falls dieses nicht stückweise oder nach Gewicht geliefert wird.
1. Alle Öffnungen und Nischen (auch Brüstungsnischen) in ganzer Tiefe über 0,25 qm Ansichtsfläche. Hierbei wird die Höhe nur bis zum Widerlageransatz berechnet.
2. Die wirklich in das Mauerwerk einbindenden Sandsteinmassen.

C. Vom Arbeitslohn und Material.
1. Rauch- und Lüftungsrohre und Rohrschlitze über 0,25 qm lichten Querschnitt.
2. Gurt- und Schildbögen von fortlaufenden Wölbungen, z. B. kreuzgewölbten Fluren und Hallen, über deren Berechnung in jedem Falle das Angebot besondere Vorschriften machen wird.

III. Bei Mauern aus Steinen nach dem Normalformat wird, unabhängig davon, ob die Ausführung eine geringere oder größere Wandstärke ergeben hat, berechnet:

$$
\begin{array}{llllll}
\text{eine} & \tfrac{1}{2} & \text{Stein starke Wand} & = 12 \text{ cm} \\
\text{,,} & 1 & \text{,,} & \text{,,} & \text{,,} & = 25 \text{ ,,} \\
\text{,,} & 1\tfrac{1}{2} & \text{,,} & \text{,,} & \text{,,} & = 38 \text{ ,,} \\
\text{,,} & 2 & \text{,,} & \text{,,} & \text{,,} & = 51 \text{ ,,} \\
\text{,,} & 2\tfrac{1}{2} & \text{,,} & \text{,,} & \text{,,} & = 64 \text{ ,,} \\
\text{,,} & 3 & \text{,,} & \text{,,} & \text{,,} & = 77 \text{ ,,} \\
\text{,,} & 3\tfrac{1}{2} & \text{,,} & \text{,,} & \text{,,} & = 90 \text{ ,,}
\end{array}
$$

Enthalten die Mauern Luftisolierschichten oder werden sie nicht aus Ziegelsteinen in Normalformat hergestellt, so werden die Maße der wirklichen Ausführung bei der Berechnung zugrunde gelegt.

IV. Putz, über die Mauerfläche vortretende teilweise Verblendung, Bänder und Gesimse unter 100 qm Querschnitt, Tür- und Fenstereinrahmungen, Konsolen, Auskragungen aller Art, Verdachungen und frei verzierende Endigungen bleiben bei der Berechnung des Inhalts des Mauerwerks außer Ansatz.

V. Für die Inhaltsermittelung frei endigender Mauern, wie Giebel und dgl. wird das kleinste, um die äußersten Punkte umschriebene Vieleck der Flächenermittelung zugrunde gelegt, mit der Maßgabe, daß bei durch Kurven begrenzten Flächen die kleinsten umschriebenen Rechtecke in Ansatz gebracht werden.

VI. Bei schichtweis unter 15 cm Schichthöhe abgetrepptem Mauerwerk z. B. der Fundamente und dgl. wird der Rauminhalt nach dem kleinsten umschriebenen Trapez berechnet.

VII. Bei der Berechnung der Verblendung und des Putzes auf Wänden werden alle Öffnungen mit verblendeten oder verputzten Laibungen bis zu 65 cm Wandstärke voll gerechnet; dafür bleiben die Laibungen usw. außer Ansatz. Bei größeren Wandstärken werden die Laibungen abgewickelt und die Öffnungen selbst abgezogen. Die Seitenflächen der Giebel werden nicht berücksichtigt. Bei Nischen mit verblendetem oder geputztem Grunde mit in gleicher Weise hergestellten Laibungen werden die Laibungen abgewickelt, runde Gliederungen mit dem umschriebenen Vieleck in Ansatz gebracht.

Für die Berechnung des Wand,- Gewölbe- und Deckenputzes werden die Rohbaumaße zugrunde gelegt.

Bei Wandverblendungen und Putz werden alle Öffnungen in Abzug gebracht, welche unverblendete und ungeputzte Laibungen haben, bei bogenförmigem Schluß vom Kämpfer abwärts.

Putzflächen bis zu 0,5 qm innerhalb verblendeter Flächen sollen als Verblendung gerechnet werden.

Besondere Bedingungen
für die Ausführung von Zimmerarbeiten.

§ 1. *Beschaffenheit des Holzes.* Das zu liefernde Holz muß durchaus trocken, gesund, gerade gewachsen, borken- und splintfrei, darf weder raupen- noch wurmfräßig, ringschälig, faul oder rissig sein und soll keine faulen, trockenen oder losen Äste haben.

Teilweise rötliche, aber harte Streifen bei Tannenholz oder leicht blaue Streifen bei Kiefernholz werden zugelassen.

Alle Bauhölzer müssen geradlinig und von rechtwinkligem, gleichbleibendem Querschnitt sein. Hölzer, welche sich geworfen, gedreht oder gebogen haben, dürfen nicht zur Verwendung kommen.

Je nach den Bestimmungen des Angebots kommen folgende Bauhölzer zur Verwendung:
  a) scharfkantig geschnittenes Holz, welches nur vereinzelt vorkommende, ganz leichte Waldkante haben darf,
  b) vollkantig geschnittenes Holz, welches an allen vier Kanten eine Baumkante bis $\frac{1}{5}$ der Höhe in der Diagonale gemessen haben darf,
  c) Holz mit üblicher Baumkante, welches an allen vier Kanten eine Baumkante bis $\frac{1}{3}$ der Höhe in der Diagonale gemessen haben darf,
  d) beschlagenes Holz.

Hölzer bis 100 qcm Querschnitt müssen als Kreuzhölzer geliefert werden, über 100 qcm Querschnitt dürfen sie einstielig sein.

Die im Leistungsverzeichnis, in der Holzberechnung und den Zeichnungen vorgeschriebenen Holzstärken sind genau innezuhalten und auf den fertigen Zustand der Arbeiten berechnet.

Bereits anderweit benutztes Holz darf nicht angeliefert werden.

§ 2. *Nebenleistungen.* In die Angebotspreise sind eingeschlossen:
1. die Kosten für Hinschaffen sämtlicher Materialien zur Baustelle,
2. der einmalige Anstrich der Lagerhölzer, der Balkenköpfe, der am Mauerwerk anliegenden Bauholzflächen, der Unterlagsbohlen, Zargen, Dübel und sonstiger eingemauerter Hölzer mit Karbolineum,
3. das Vorhalten der Gerätschaften, Aufstellung, Vorhaltung und Beseitigung der Rüstungen, sowie Aufzugs- und polizeiliche Schutzvorrichtungen, soweit solche nicht vom Maurer bereits hergestellt sind,
4. die Lieferung der Holzschrauben und Nägel aller Art,
5. das Aufbringen, Anschlagen und genaue Einlassen des bauseitig zu liefernden Kleineisenzeugs für den Holzverband, wie Anker, Verbindungsschienen, Klammern, Bolzen, Hängeeisen und dgl. einschl. Herstellung aller dazu nötigen Ausklinkungen der Hölzer,
6. das Nachziehen sämtlicher sichtbaren Schraubenbolzen des Dachverbandes zu einem bauseitig anzugebenden Termin,
7. das Liefern und Einlegen von Zinkplatten an solchen Verbindungen, wo Hirnholz gegen Hirnholz stößt.

§ 3. *Ausführungsvorschriften.* Die Zimmerarbeiten sind genau nach den übergebenen Zeichnungen auszuführen. Sollten sich Bedenken gegen die Richtigkeit der Konstruktionen oder Maße ergeben, so ist der Unternehmer verpflichtet, sie der Bauleitung zur Entscheidung mitzuteilen.

Alle Maße sind vom Unternehmer unmittelbar auf den fertigen Mauern zu nehmen.

Balkenlagen und Dachverbände. Balken, welche durch die ganze Gebäudetiefe durchreichen sollen, werden in der Holzliste oder den Zeichnungen ausdrücklich bezeichnet.

Alle Balken müssen genau wagerecht verlegt und, wenn erforderlich, genügend mit breiten Hartholzstücken unterlegt werden.

Hölzer, welche andere oder Eisenträger überschneiden, sind zu verkämmen.

Balkenwechsel und Stichbalken erhalten Brustzapfen, Kopfbänder und schwache Streben, einfache Versatzung und Zapfen, flach geneigte und starke Streben, doppelte Versatzung und Zapfen.

Sämtliche Sparren müssen im First, falls keine Firstpfette vorhanden ist, durch Scheerzapfen verbunden werden. Die Zangen und Kehlbalken sind mit den Sparren schwalbenschwanzförmig zu überblatten.

Bei der Ausstellung von Hängewerken ist der Hauptbalken etwas nach oben zu sprengen.

Die Bolzenlöcher dürfen nur so weit gebohrt werden, daß der Bolzen keinen Spielraum hat.

Werden mehr als ein Balken ausgewechselt, so sind die Wechsel auf die bauseitig gelieferten Eisen aufzulegen und einzuschneiden.

Die Zahl der Wechsel ist mit dem Bedarf an Kleineisenzeug anzugeben.

Die für den Bau gelieferten Hölzer dürfen nicht zu Rüstungen verwendet werden.

Von dem Beginn des Abbindens und Auseinandernehmens des zugerichteten Holzes hat der Unternehmer den Bauleitenden rechtzeitig in Kenntnis zu setzen.

Kleineisenzeug. 14 Tage vor dem Richten hat der Unternehmer dem Bauleitenden eine Liste des für die Holzkonstruktionen erforderlichen Kleineisenzeugs mit genauer Angabe der Maße einzureichen. Das Eisenzeug wird dem Unternehmer gegen Quittung übergeben, der für abhanden gekommene oder beschädigte Gegenstände haftet.

Schutzdecken. Die Schutzdecken sind aus mindestens 2 cm starken, nicht unter 10 cm breiten besäumten, borkefreien, tannenen Schwarten auf 3,5 mm starken, geschnittenen Latten herzustellen, welche an die Balken mindestens 12 cm unter Oberkante mit Nägeln von 8 cm Länge zu nageln sind.

Gehobelte Dielungen, Schalungen und Gesimse. Zu Decken- und Dachschalungen, rauhen Fußböden oder Bretterwänden dürfen gute Zopf- und Seitenbretter mit gesunden, festgewachsenen Ästen, zu gehobelten Schalungen jedoch nur möglichst astreine, unter sich gleich breite Stammbretter verwendet werden.

Zu gehobelten Fußböden dürfen nur in der Mitte aufgetrennte, höchstens 15 cm breite, zweijährige Stammbretter, die parallel gesäumt und vollkantig gespundet sind, verwendet werden. Etwa vorkommende Äste müssen fest gewachsen sein und dürfen nicht über 3 cm Durchmesser haben. Die Fugen dürfen in der Garantiezeit höchstens 3 mm breit werden, andernfalls hat der Unternehmer den Fußboden auf seine Kosten umzulegen.

Zur Befestigung sind, falls im Angebot nicht Holzschrauben verlangt sind, Nägel zu verwenden; diese Nägel, welche versenkt werden müssen, sollen in der Regel dreimal so lang sein, als das zu befestigende Stück stark ist.

Die Ausführung von Stößen bei Brettlängen von weniger als 6,5 m bedarf der Genehmigung der Bauleitung und muß in jedem Falle unter Anwendung von mindestens 10 cm breiten Friesstücken geschehen, die der Länge nach durch Balken oder Lagerhölzer unterstützt sind.

§ 4. *Abrechnung.* Die Bauhölzer werden nach Aufmaß ohne Anrechnung von Verschnitt abgerechnet. Die Maße müssen jedesmal nach Beendigung der Arbeit in Gemeinschaft mit dem Bauleitenden aufgenommen werden.

Die gegenseitig anerkannten Aufstellungen bzw. Zeichnungen sind dann für die Abrechnung maßgebend.

Bei Verbandhölzern wird die sichtbare Länge gemessen und für jeden Zapfen das runde Maß von 10 cm berechnet.

Bei Berechnung von Schalungen werden die Flächen der Schornsteine, Ventilationsrohre, Pfeiler oder Dachluken bis zu 0,5 qm nicht in Abzug gebracht.

Bei Berechnung der Schutzdecken werden die Balken nicht abgezogen.

Besondere Bedingungen
für die Lieferung von Kalk und Zement.

A. Weißkalk. Bei Abgabe von Angeboten auf gelöschten Kalk ist in den Einheitspreis die Anfuhr des Kalkes zur Verwendungsstelle, die Bergung vor dem Einlöschen, das Löschen und die Herstellung und Lieferung der Löschbänke mit einzurechnen. Der Kalk muß frei von allen schädlichen Beimengungen sein und sich unter genügendem Wasserzusatz zu einer gleichmäßigen, weichen, nicht körnigen Masse löschen lassen.

Nicht gebrannter, überbrannter oder Kalk, der unter Witterungseinflüssen gelitten hat, darf nicht gelöscht werden.

Der Kalk muß für die ganze Lieferung von gleicher Güte sein und nicht aus verschiedenen Bezugsquellen stammen.

Die Ausflußöffnung der Löschbank muß mit festem Gitter versehen sein. Der Kalk darf nur durch geübte Arbeiter gelöscht werden.

Ersoffener Kalk darf aus der Löschbank nicht in die Grube gelassen werden, widrigenfalls die gefüllte Grube nicht abgenommen wird. Der in die Kalkgruben eingesumpfte Kalk wird erst dann zur Verwendung im Beisein des Unternehmers oder dessen Stellvertreters abgenommen und aufgemessen, wenn sich in seiner Oberfläche mindestens 2—3 cm breite Risse gebildet haben. Die Gruben werden darauf bauseitig durch Tafeln als abgenommen bezeichnet.

Aus nicht mit solchen Tafeln versehenen Gruben darf kein Kalk verarbeitet werden. Über das Aufmaß wird dem Unternehmer sofort an Ort und Stelle ein Lieferschein übergeben, welcher später der Schlußrechnung wieder beizufügen ist. Es muß ständig ein Vorrat an abgenommenem Kalk von mindestens 130—150 hl in den Gruben vorhanden sein.

Der zum Putzmörtel nötige Kalk muß mindestens 2 Monate vorher eingelöscht und gegen Schmutz und Erhärten durch eine Sandabdeckung geschützt sein.

B. Portlandzement. Der Angebotspreis verpflichtet zur Lieferung frei Baustelle einschl. Abladen und Aufstapeln im bauseitig hergestellten Zementschuppen.

Dem Angebot ist eine Probe und ein Prüfungszeugnis der Material-Prüfungsanstalt oder einer gleichwertigen Anstalt beizufügen. Die Probe und das Prüfungszeugnis sind für die ganze Lieferung maßgebend.

Der Zement muß vollständig trocken, fein gemahlen und ohne fremde Beimischungen sein, darf nicht blähen, treiben und nicht zu schnell abbinden. Er ist in Säcken von 50 kg Netto zu liefern. Gewichtsschwankungen sind nur bis 2 vom Hundert zulässig, größeres Mindergewicht wird bei der Abrechnung abgezogen.

Auf der Verpackung muß deutlich der Fabrikname und das Brutto- oder Nettogewicht vermerkt sein.

Die Zementabnahmen werden wie beim Kalk durch Übergabe von Lieferscheinen gehandhabt.

Die leeren Säcke bleiben Eigentum des Lieferanten.

Besondere Bedingungen
für die Lieferung von Steinmetzarbeiten.

Das Material muß völlig frei von Rissen und Klüften sein und soll eine gleichmäßige Farbe haben.

Auf dem Transport oder bei dem Abladen beschädigte oder gekittete Werkstücke werden nicht abgenommen.

Die Werkstücke sind im Steinschnitt, Profilierung und Bearbeitung genau nach den übergebenen Zeichnungen auszuführen.

Der Unternehmer hat vor Beginn der Arbeiten alle Zeichnungen in bezug auf Maße, Steinschnitt und Einbindetiefen genau nachzuprüfen und etwaige Bedenken sofort der Bauleitung zur Entscheidung mitzuteilen. Nicht genehmigte Abänderungen werden nicht abgenommen.

Die Kanten der Steine müssen gerade und scharf sein, die Steine dürfen nach hinten nicht spitz zulaufen, die Stoß- und Lagerflächen sind auf 3 cm Tiefe wie Ansichtsflächen, im übrigen eben und rechtwinklig zu bearbeiten. Die Fugen dürfen nicht mehr als 5 mm breit sein.

Jeder Stein ist mit der Nummer des vom Bruch mitzuliefernden Verzeichnisses in deutlicher Aufschrift auf einer Einbindefläche zu versehen.

Die Werkstücke sind frei Baustelle zu liefern und nach Angabe der Bauleitung sorgfältig zu lagern.

Die etwa infolge falscher oder sorgloser Lagerung beschädigten Werkstücke sind vom Lieferanten ohne besondere Entschädigung durch unbeschädigte zu ersetzen. Nur in besonderen, von der Bauleitung ausdrücklich genehmigten Fällen dürfen derartige Beschädigungen durch sauber passende Vierungen, niemals durch Verkittung repariert werden.

Der Rauminhalt der Steine wird nach dem äußersten umschriebenen Rechteck berechnet, falls nicht im Angebot eine andere Berechnung nach qm, lfd. m oder Stückzahl vorgeschrieben ist.

Besondere Bedingungen für die Ausführung von Dachdeckerarbeiten nebst Materiallieferung.

§ 1. *Güte des Materials.* Von den zu verwendenden Materialien hat der Unternehmer dem Angebot eine Probe mit deutlicher Aufschrift seiner Firma und der Bezugsquelle beizufügen. Die Proben sind für den ganzen Umfang der Lieferung maßgebend.

Der Schiefer muß dem Cauber-Schiefer bester Qualität gleichkommen, scharfkantig zugehauen sein, eine glatte Oberfläche haben und keine schädlichen Beimengungen wie Schwefelkies und dgl. aufweisen.

Für Holzzement- und Pappdächer ist Rollenpapier und Dachpappe bester Beschaffenheit zu verwenden.

Dachziegel müssen möglichst dicht und nicht zu blaß gebrannt, für Wasser möglichst undurchlässig und nicht krumm gezogen sein. Sie dürfen nicht im Frost zerfrieren.

§ 2. *Nebenleistungen.* Die Anschlüsse an Mauern, Kehlen, Schornsteinanker, Laufbohlenhalter, Blitzableiter, Dachluken usw. sind nach Fertigstellung der erforderlichen Klempnerarbeiten ohne besondere Vergütung auszuführen.

Ist an einzelnen Stellen ein genaues Einpassen der Klempnerarbeiten in die Dachdeckung erforderlich, so sind hier die Dachziegel zunächst lose zu verlegen und erst nach Einpassen der Klempnerarbeiten zu befestigen. Daraus sich ergebende Nebenarbeiten und Hilfeleistungen für den Klempner sind in dem Einheitspreis einbegriffen.

Der Unternehmer hat sich von der tadellosen Ausführung der mit den Dachflächen in Verbindung stehenden Klempnerarbeiten vor vollständiger

Fertigstellung seiner Arbeiten ebenfalls zu überzeugen und etwaige Mängel, welche ein Undichtwerden zur Folge haben könnten, der Bauleitung anzuzeigen. Ziegeldächer sind nach Vollendung des äußeren Mörtelverstrichs mit Wasser von anhaftendem Mörtel und Schmutz ohne besondere Entschädigung zu säubern.

§ 3. *Art der Eindeckung.* a) Schieferdach. Auf die Schalung ist zunächst eine Dachpapplage zu nageln. Die Schiefersteine sind auf der Schalung mit eisernen, gut verzinnten 4 cm langen Nägeln mit breiten, glatten Köpfen zu befestigen. 1000 Stück Nägel müssen mindestens 2,75 kg wiegen. Die Eindeckung ist in gutem Verbande mit möglichst 10 cm Überdeckung wasserdicht auszuführen.

Sollten einzelne Steine nicht gleichmäßige Stärke, sondern keilförmigen Querschnitt haben, so sind diese so zu verlegen, daß die dünne Kante die überdeckte, die dicke aber die überdeckende wird. Nagellöcher sind so einzusetzen, daß die durch das Aussplittern entstehende trichterförmige Erweiterung bei dem verlegten Steine oben liegt. Nur die Firstnagellöcher der Schlußsteine müssen umgekehrt von oben nach unten eingehauen werden. Bei der fertigen Eindeckung dürfen nur auf den Schlußsteinen Nagelköpfe sichtbar sein. Die Spitzen der Nägel sind auf der Unterseite der Schalung umzulegen.

b) Pappdach. Die Dachdeckung soll aus zwei mittelst Klebasphalt in der ganzen Fläche fest verbundenen Dachpapplagen bestehen, die parallel zur Traufe zu verlegen sind und sich gegenseitig zur Hälfte überdecken. Der obere Rand der untersten Papplage wird genagelt. Die einzelnen Bahnen müssen sich 10 cm überdecken und sind gut zu verkleben. Anschlüsse von Traufen, Giebelrändern und Schornsteinen sind wasserdicht herzustellen. Nach Fertigstellung der Eindeckung ist die ganze Papplage mit einem gleichmäßigen Anstrich aus einer Mischung von Asphalt und Steinkohlenteer, in heißem, aber nicht kochendem Zustande möglichst rasch zu streichen; und sofort, noch vor dem Erstarren der Anstrichmasse mit feinem Wassersand oder Kies bis Linsengröße zu bestreuen.

c) Holzzementdach. Die Schalung ist zunächst mit einer dünnen Schicht fein gesiebten Sandes auszugleichen und darauf eine Lage unbesandete Dachpappe parallel zur Traufe aufzubringen. Die Stöße der Papplage müssen sich 10 cm weit überdecken und sind gut miteinander zu verkleben. Hierauf werden nacheinander vier Lagen imprägniertes Rollenpapier mit 12—15 cm breiter Überdeckung parallel zur Traufe vollkommen glatt derart aufgelegt, daß die Stöße der oberen Schicht gegen die der unteren verschoben sind. Jede der drei unteren Papierlagen erhält einen 1 mm starken, die obere einen 1,5 mm starken Anstrich von bester Holzzementmasse, die in heißem, aber nicht kochendem Zustande möglichst schnell aufzutragen ist.

Die Überdeckungsstreifen der einzelnen Bahnen müssen mit Holzzement gedichtet werden.

Bei Regenwetter ist die Arbeit zu unterbrechen und erst dann wieder aufzunehmen, wenn die Papierlagen völlig trocken sind.

Um ein Ausquellen des Holzzements an der Traufe möglichst zu verhüten, ist die erste Papierlage 15 cm über die Traufkante hinwegzuführen und dieser Überstand auf die zweite Papierlage umzubiegen und aufzukleben. Dasselbe geschieht auch bei der oberhalb des Traufblechs anzuordnenden dritten und vierten Papierlage. Auf die oberste Papierlage wird eine dünne Schicht feinen Sandes, darauf eine 8 cm starke Schicht von grobem, lehmigem Kies, untermischt mit Chausseeschlick, aufgebracht. Es darf nur Holzzement verwendet werden, der nach völligem Austrocknen elastisch bleibt, daß Risse und undichte Stellen nicht auftreten können.

d) Biberschwanzdach. Die Biberschwänze müssen 36,5 cm lang, 15,5 cm breit und 1,2 cm dick sein. Die Latten sind für Spließdächer

20 cm, für Doppeldächer 14 cm und für Kronendächer 25 cm weit zu nageln. Die Dachsteine sind in Querschlag und Längsstrich von Haarkalkmörtel völlig dicht zu verlegen, die mit Zink auf Schalung verkleideten Kehlen sind mit Biberschwänzen einzuwölben. Alle Steine sind in Verband zu verlegen, die Gratziegel müssen genagelt werden. Bei steilen Dächern ist auf je 10 qm ein verzinkter Leiterhaken einzubauen. Bei Spließdächern sind imprägnierte Holzspließe von 5 cm Breite und 20 cm Länge unter den Stoßfugen zu verlegen.

e) Pfannendach. Die holländischen Hohlpfannen müssen 35 cm lang, 21 cm breit und 1,3 cm stark sein und auf 26 cm weiten Latten verlegt werden. Alle Fugen sind an der Unterseite mit Haarkalkmörtel gänzlich dicht zu verstreichen. Bei steilen Dächern sind die Dachsteine mit verzinkten Drähten in S-Form am unteren Ende auf den Latten zu befestigen. Die Steine dürfen an der Unterseite nicht schwitzen.

§ 6. *Berechnung*. Mauer- und Schornsteinabdeckungen werden, wenn sie vom Unternehmer hergestellt sind, als Dachfläche gemessen, ebenso einfache Dachluken und dgl., auch wenn ein anderes Dachdeckmaterial, z. B. Turmfalzziegel, hierzu verwendet ist. Die etwa erforderliche Schalung hierzu wird bauseitig hergestellt. Schornsteine und in der Dachfläche liegende Glasfenster werden nur dann abgezogen, wenn es im Angebot besonders ausgedrückt ist.

**Besondere Bedingungen
für die Ausführung von Klempnerarbeiten.**

§ 1. *Material*. Das Zinkblech muß von bester Beschaffenheit und darf weder brüchig noch spröde sein, auch nach öfterem Biegen keine Risse zeigen. Das Gewicht der verschiedenen Blechsorten soll betragen für 1,0 qm:

Kupferblech   mindestens 6,00 kg
Zinkblech Nr. 12   „   4,62 „
„   „ 13   „   5,18 „
„   „ 14   „   5,74 „

Die Blechstärken werden durch Nachwiegen geprüft.

§ 2. *Ausführungsvorschriften*. Die Vorderkanten der mit dem erforderlichen Gefälle herzustellenden Rinnen sollen 2 cm tiefer liegen als die Hinterkanten. Bei Kupferrinnen ist nach der Längenrichtung jede Rinnentafel 25 mm mit der anschließenden Tafel ohne Vernietung zu überfalzen oder zu überblatten und in Abständen von mindestens 25 mm zu vernieten, in beiden Fällen aber auch mit Spiegelzinn zu verlöten, wobei die zu verlötenden Kupferflächen vorher verzinnt werden müssen.

Das Trauf- oder Vorstoßblech muß bei allen Rinnen mindestens 15 cm unter das Deckungsmaterial untergreifen.

Die an jedem Sparren anzuschraubenden verzinkten Rinneisen sollen eine Stärke von 6·30 mm haben und sind in das Holz sorgfältig einzulassen.

Bei Rinneneinlaufkörben soll das ganze Profil der Rinne in den Korb einmünden. Spritzbleche auf den Rinnen bei den Abfallrohren sind mit den Rinnen zu verlöten und mit Versteifungsdrähten einzufassen.

§ 3. *Abfallrohre*. Die Abfallrohre sind sofort nach Herstellung der Rinnen anzubringen und die Nähte stets nach vorn, also vom Gebäude abgewandt, zu legen.

Sämtliche Kniestücke sind nach Zeichnung herzustellen und von beiden Seiten zu löten. Die Rohrschellen sind aus 6·20 mm starkem, verzinktem Eisen mit Gelenk und Schrauben in etwa 2,0 m Entfernung unter den Wülsten der Abfallrohre anzubringen.

§ 4. *Nebenleistungen*. Die vorläufige Anbringung von Notknien an den Abfallrohren vor Anschluß an die Kanalisation, die nachträgliche Ver-

bindung der Abfallrohre mit den gußeisernen Röhren der Entwässerungs-
leitung, die Mitlieferung der Bogenknie zum Anschluß an die Dachrinnen
und der Verschnitt werden nicht besonders vergütet.

§ 5. *Maß und Rüstungen.* Der Unternehmer hat die erforderlichen Maße
an Ort und Stelle selbst zu nehmen und ist für das gute Passen der einzelnen
Teile allein verantwortlich. Das Vorhalten sämtlicher Geräte und Schutz-
rüstungen ist in den Einheitspreisen einbegriffen. Die Mitbenutzung der
beim Bau vorhandenen Rüstungen wird dem Unternehmer nach § 9 der
allgemeinen Bedingungen gestattet.

Besondere Bedingungen für die Anlieferung von Walzeisen.

§ 1. *Material.* Das zu liefernde Walzeisen muß von bester Sorte, dicht,
zäh und biegsam sein, es darf keine rissigen Stellen haben, weder spröde,
noch rot- oder kaltbrüchig sein und muß angefeilt eine lichtgraue Farbe
zeigen. Die Träger sollen ganz volle und ebene Auflageflächen haben. Für
die einzelnen Längen der Träger ist eine Abweichung bis zu höchstens 5 cm
zulässig, wenn nicht genaue Länge gefordert ist.

Die gußeisernen Unterlagsplatten sollen aus grauem, weichem Eisen in den
vorgeschriebenen Abmessungen sauber, ohne Blasen, Löcher oder Risse
hergestellt werden. Sie dürfen weder krumm gezogen sein, noch sonstige
Mängel haben.

§ 2. *Anlieferung.* Die Stücke sind frei Baustelle anzuliefern und getrennt
nach den verschiedenen Sorten und Stockwerken auf den von der Bauleitung
bestimmten Stellen nach Angabe übersichtlich und gerade gelagert zu stapeln.

Sämtliche Profile sind frei von Rost und sauber gereinigt, einmal mit roter
Bleimennige gestrichen zur Abnahme vorzulegen.

Die laufende Nummer des Verzeichnisses ist deutlich in weißer Ölfarbe
auf jedem Träger zu vermerken. Nicht bezeichnete Träger bleiben von der
Abnahme ausgeschlossen.

§ 3. *Gewichtsberechnung.* Die Gewichte der Träger sind vom Unternehmer nach der von der Trägerhändler-Vereinigung herausgegebenen Tabelle, Differdinger-Träger nach ihrer besonderen Tabelle theoretisch zu
berechnen.

Die tatsächlichen Gewichte der Träger müssen diesen Tabellen entsprechen.
Die Unterlagsplatten sind auf der Bauwage zu verwiegen.

§ 4. *Abnahme.* Die Träger werden durch den Bauleitenden abgenommen.
Über die Trägerlieferung jedes Stockwerks erhält der Unternehmer eine Ab-
nahmebescheinigung, die später der Rechnung beizufügen ist.

Besondere Bedingungen
für die Ausführung von Tischlerarbeiten.

§ 1. *Beschaffenheit des Holzes.* Das zu verwendende Holz muß durchaus
trocken, gesund, splintfrei und gerade gewachsen und darf nicht raupen-
oder wurmfräßig, kernschälig oder rissig sein. Astreines Holz soll weder rot
oder blau, noch so harzreich sein, daß das Harz ausfließt. Nur bei möglichst
astreinem Holz, bei welchem die Äste fest verwachsen sein müssen, dürfen
Harzgallen vorkommen, welche zu verspunden sind. Verkittungen und
Einstückelungen sind unzulässig.

Windbrüchiges Holz darf nicht verwendet werden. Das Holz zu den
Türrahmen ist besonders auszusuchen, damit nicht durch Verziehen die
Türen später windschief oder rund werden.

Die Hölzer müssen noch nach der Bearbeitung die in den Vertragsunterlagen angegebenen Stärken haben. Flache Äste dürfen nicht vorkommen.

§ 2. *Ausführungsvorschriften.* Vor Ausführung der zu liefernden Gegenstände hat der Unternehmer die nötigen Maße im Bau selbst zu nehmen

und ist allein für deren Richtigkeit verantwortlich. Er ist verpflichtet, etwa vorgefundene Abweichungen von den Maßen der Vertragsunterlagen, sowie nach seiner Ansicht ungünstige Konstruktionen in den Zeichnungen dem Bauleitenden anzuzeigen und die Entscheidung über die Ausführung einzuholen.

Als Lichtmaße für die Türen gelten die Maße innerhalb des Futters, des Blendrahmens oder, wo beides nicht vorhanden, die Maße der Türen selbst. Als Lichtmaß für die Fenster gilt das Maß zwischen den seitlichen, äußeren Einrahmungen, bzw. zwischen Bank und Scheitel.

Alle sichtbaren Flächen müssen so gut abgeputzt sein, daß nirgends Hobelstöße bemerkbar sind. Die Profile sind alle sauber auszuarbeiten und auszuschleifen. Holzteile, welche nach dem Wortlaut des Angebots lasiert werden sollen, dürfen nur in der Richtung der Faser geschliffen werden.

Alle Verbindungen sind gut zu verleimen.

Bis 4 cm starke Fensterrahmen sind einfach, stärkere doppelt zu schlitzen, die Schlitzzapfen des einen Rahmholzes müssen durch die ganze Breite des anderen damit verbunden hindurchreichen. Die Rahmen sind außerdem noch zu verbohren und mit Hartholznägeln zu vernageln.

Der Falz der Fenster, welcher nicht über 2 mm Spielraum haben darf, ist unterhalb des Schenkels durch aufgeleimte, 2 mm starke Fournierplättchen festzulegen, welche erst nach dem Anschlagen der Fischbänder entfernt werden.

Schlagleisten an äußeren Fenstern und Türen müssen mit Holzschrauben befestigt werden.

Die unteren Querrahmenstücke der Fensterflügel müssen mit dem Wasserschenkel stets aus einem Stück Eichenholz gefertigt werden.

Die Putzleisten der Fensterbänke dürfen erst nach dem Nachputz angebracht werden.

Die Fensterflügel sind mit deutlich lesbaren, eingeschlagenen Nummern in den Falzflächen zu versehen.

Profilierte Rahmen und Füllungen sind stets auf Gehrung zu arbeiten, auch wenn das Profil nur in einer Abrundung besteht und über 5 mm Radius hat.

Bei Profilen über 15 mm und bei angekehlten Profilen müssen die Gehrungen mit Zinkfedern versehen werden.

Füllungen müssen mindestens 1½ cm tief in der Nut stecken und dürfen beim Verkeilen der Tür in den Ecken nicht geleimt werden, damit sie beim Nachtrocknen nicht reißen.

Verzinkungen müssen nach Möglichkeit überall verdeckt sein.

§ 3. *Nebenleistungen.* Als nicht besonders zu vergütende Nebenleistungen sind in die Preise für die entsprechenden Tischlerarbeiten einzurechnen:

a) Das Einsetzen und Einpassen aller Türen und Fenster mit Hilfe des Maurers. Die zur Befestigung der Fenster dienenden 5×25 mm starken und 8 cm langen Flacheisen werden vom Anschläger geliefert und aufgeschraubt. Das Einstemmen und Einmauern dieser Eisen in das Mauerwerk geschieht bauseitig.

b) Lieferung und Befestigen etwa erforderlicher Auffütterungen sowie aller Holzschrauben und Nägel.

c) Eine mit Hilfe des Schlossers nach völliger Fertigstellung des Baues vorzunehmende Nachprüfung der Gangbarkeit sämtlicher Türen und Fenster und die Beseitigung der etwa hierbei vorgefundenen Mängel.

d) Bei allen Fenstern das Dichten der Rahmenanschlüsse an das Mauerwerk mit doppeltem Teerstrick, bei Doppelfenstern außerdem das Ausfüllen des Raumes zwischen dem Kasten und der Mauer mit Hobelspänen.

§ 4. *Überwachung.* Die Bauleitung behält sich das Recht vor, die Arbeiten in der Werkstatt eingehend zu überwachen, ihr ist daher der Zutritt jederzeit zu gestatten.

Der Unternehmer hat die zu liefernden Stücke überall den Anordnungen des Bauleitenden entsprechend aufzustellen.

§ 5. *Haftpflicht.* Die in den allgemeinen Bedingungen festgesetzte Garantie erstreckt sich nicht allein auf die Güte und Dauerhaftigkeit der Arbeiten und Lieferungen im allgemeinen, sondern der Unternehmer ist verpflichtet, alles Ändern und Nachpassen, welches während dieser Zeit an den gelieferten Gegenständen, sei es durch mangelhafte Arbeit oder durch Ziehen und Werfen des Holzes erforderlich wird, sofort unentgeltlich vorzunehmen.

Besondere Bedingungen für die Ausführung von Anschlägerarbeiten und Lieferung der Beschlagteile.

§ 1. *Material.* Das zu den Schlosserarbeiten zu verwendende Schmiedeeisen muß von bester Beschaffenheit, zähe, von feinem Korn und sehnigem Bruch, frei von Schlacken und anderen fremden Beimischungen sein und darf weder Kanten noch Längsrisse haben. Bei Profileisen ist durchweg gleicher Querschnitt erforderlich. Die Kanten sollen scharf, alle Flächen, besonders bei Blechen müssen eben und nicht windschief oder wellig sein. Die Gußteile müssen aus grauem, weichem Gußeisen, scharf, sauber und blasenfrei hergestellt werden. Die zu verwendenden Rotgußteile müssen weich und zähe sein und in der Härte und Farbe den Probeteilen entsprechen.

Die einzelnen Beschlagteile sind in bezug auf Maße, Form und Stärke genau den Tischlerarbeiten anzupassen und müssen gut geschmiedet und geschweißt und sauber und kantig gearbeitet sein.

Die Drücker sind mit schließender Falle herzustellen; müssen mit kräftiger und nicht erlahmender Feder aus bestem Stahl versehen sein und einen leichten Gang haben.

Die Einsteckschlösser der Türen müssen mit abnehmbarer Stulp versehen und untereinander verschieden sein.

§ 2. *Ausführung.* Die Fensterverschlüsse sind stets so einzurichten, daß beim Schließen der Flügel die Schließhaken, Ruder, Vorreiber usw. durch Gleiten auf einer schrägen Fläche ein allmähliches Andrücken der Rahmen gegeneinander bewirken.

Sämtliche Beschlagteile sind durch Schrauben mit versenkten Köpfen zu befestigen. Die Verwendung von sogenannten Schraubenstiften ist verboten.

Die Eckwinkel, Schließbleche usw. müssen so in das Holz eingelassen werden, daß sie mit letzterem eine ebene Fläche bilden.

Türdrücker, Basküloliven, Ruder, Knöpfe der unteren Fensterflügel usw. müssen in bequem zu erreichender Höhe angebracht werden. Bei Fenstern, deren Oberlichter auch mit Baskülverschlüssen versehen sind, müssen die Riegel am Kämpfer so gekröpft sein, daß sie nebeneinander in einen gemeinsamen Kloben greifen.

§ 3. *Nebenleistungen.* Die im Beisein des Tischlers nach Fertigstellung sämtlicher Arbeiten vorzunehmende Nachprüfung der Gangbarkeit aller Fenster und Türen wird dem Unternehmer nicht besonders vergütet.

Besondere Bedingungen
für die Ausführung von Schlosser- und Schmiedearbeiten.

§ 1. *Material und Arbeit.* Das Schmiedeeisen muß ein sehniges Gefüge haben, darf weder kalt- noch rotbrüchig sein und keine durch Schlacken verunreinigte Flächen zeigen. Geschweißte Stücke müssen innig verbunden, gebogene Stellen frei von Kanten und Rissen sein. Sämtliche Flach-, Vierkant-, Rund- und auch Formeisen sollen gleichmäßigen Querschnitt und gerade Kanten haben.

Die Bohrungen, Vernietungen und Verschraubungen sind so sorgfältig herzustellen, daß zwischen diesen und den Nieten oder Bolzen eine innige Verbindung besteht. Die Schraubengewinde müssen scharf geschnitten sein und dürfen keine Unterbrechungen zeigen.

§ 2. *Aufmessung, Abnahme und Berechnung der Leistungen.* Sämtliche Arbeiten, welche *nicht* nach Stückzahl oder nach Aufmaß bezahlt werden, müssen auf der Baustelle in Gegenwart des Bauleiters gewogen werden. Jeder dieser Lieferungen hat der Unternehmer einen Lieferzettel in doppelter Ausfertigung beizufügen, der die Position des Angebots, die Stückzahl und das Gewicht enthalten muß. Über Stücke, die auf der Baustelle nicht gewogen werden können, ist dem Lieferzettel außerdem ein amtlicher Wiegeschein beizufügen. Die eine Ausfertigung des Lieferzettels wird von dem Bauleiter bescheinigt, dem Unternehmer zurückgegeben und ist der Schlußrechnung beizufügen. Die andere Ausfertigung behält der Bauleiter. Der Unternehmer verzichtet auf Bezahlung derjenigen Arbeiten, für welche er einen anerkannten vorschriftsmäßigen Lieferzettel nicht beibringen kann.

§ 3. *Maße.* Der Unternehmer hat die erforderlichen Maße an Ort und Stelle selbst zu nehmen und ist für das gute Passen der einzelnen Teile allein verantwortlich. Etwaige Abweichungen gegen die Zeichnungen sind dem Bauleitenden zur Entscheidung mitzuteilen.

Von vielfach vorkommenden Konstruktionen sind auf Wunsch der Bauleitung vor Inangriffnahme der Arbeiten Probestücke zur Genehmigung vorzulegen oder, falls erforderlich, anzubringen.

§ 4. *Nebenleistungen.* Bei allen Positionen des Leistungsverzeichnisses schließt der abgegebene Preis die Lieferung aller Materialien frei Baustelle, sowie deren Anbringung, Befestigung und, wenn im Angebot verlangt, auch die Aufstellung mit ein.

Besondere Bedingungen für die Ausführung von Anstreicher- und Tapeziererarbeiten.

§ 1. *Ausführung und Material.* Alle Anstreicher- und Malerarbeiten müssen nach den Angaben der Zeichnungen des Bauleitenden kunstgerecht und gleichmäßig in den vorgeschriebenen Farben hergestellt werden.

Mit den im Angebot vorgesehenen Anstrichen muß eine vollkommene Deckung erzielt werden.

1. Ölfarbenanstrich: Beim Ölfarbenanstrich auf Holz sind nach sorgfältigem Grundieren die Schrauben und Nagelköpfe, Fugen und Risse sauber und haltbar einzukitten und harzige Stellen und Äste mit Schellack zu überziehen. Die einzelnen Anstriche sind stets in verschiedenen Farbentönen herzustellen, um die Zahl der Anstriche prüfen zu können. Die Anstriche dürfen weder blasig noch rissig werden noch kleben.

Erscheinen dem Unternehmer die Putzflächen noch nicht so trocken, daß er die Gewährleistung für die Haltbarkeit eines auf denselben auszuführenden Öl- oder Emailleanstrichs übernehmen kann, so kann auf besondere Anordnung dieser Anstrich nachträglich zu einer mit der Bauleitung zu vereinbarenden Zeit ausgeführt und zunächst die Wandfläche mit Leim- oder Kalkfarbe gegen vertragsmäßige Vergütung gestrichen werden.

2. Leimfarbenanstrich: Es dürfen zum Leimfarbenanstrich nur Kölner Lederleim und fein zerteilte Erdfarbe verwendet werden. Die Farbe darf keinesfalls blättern und muß so festhalten, daß sie beim Reiben mit einem dunklen Tuch nicht abfärbt.

3. Tapeziererarbeiten: Zur Tapezierung werden die Wände mit dünnem Leimwasser in der Stärke gestrichen, daß nach dem Trocknen die Putzteile vollständig fest werden. In sämtlichen Ecken an den Türen,

.nstern und Öfen sind mindestens 3 cm breite Zeugstreifen zu kleben und ℔ verzinnten Nägeln festzunageln.

Der aus gekochter Stärke und Roggenmehl bereitete Kleister darf nicht ·gestanden oder versauert sein.

1. *Material.* Alle zu den Anstrichen verwendeten Stoffe müssen von bester .eschaffenheit, rein und fein gemahlen sein. Leinölfirnis muß klar, frei von anderen Ölen, Harz, Wasser usw. sein. Bleiweiß und Zinkweiß müssen rein sein und dürfen höchstens 3 % an fremden Bestandteilen enthalten.

Bei inneren Anstrichen darf außer den zum Anstrich nötigen Mischfarben kein Zusatz irgendwelcher Art, insbesondere von Kreide, Schwerspat oder anderen Ersatzmitteln verwendet werden.

Sind im Angebot besondere Materialien vorgeschrieben, so muß der Nachweis ihrer Beschaffung auf Verlangen durch Belege oder Rechnungen erbracht werden.

Der Unternehmer ist dafür haftbar, daß die von seinen Leuten geöffneten Fenster so festgestellt werden, daß sie keinen Schaden durch Wind usw. erleiden. Das Ausgießen von Farbe in die Ausgußbecken, Einläufe und Klosetts, sowie das Ausstreichen der Pinsel an den Wänden ist untersagt.

§ 2. *Nebenleistungen.* Abgesehen von den im § 9 der allgemeinen Bedingungen vorgesehenen Nebenleistungen umfassen die vereinbarten Preise und Tagelohnsätze auch folgende Leistungen:

a) Die Sicherung der Fußböden, Öfen, Glasflächen und aller nicht mit Anstrich zu versehenden Gegenstände gegen Beschmutzen mit Farbflecken.

b) Das gründliche Reinigen sämtlicher Gegenstände von Staub, Unreinlichkeiten, Formsand, Rost und dgl. vor dem Grundieren, das Beschaffen und die Vorhaltung aller zur Reinigung und zum Scheuern erforderlichen Gegenstände und Materialien.

c) Die Herstellung der Schablonen nach gegebenen Zeichnungen.

d) Das Ansetzen und Abändern von Probeanstrichen, bis dieselben genehmigt sind.

e) Das Nachbessern von Beschädigungen des Anstrichs bis zur Vollendung und Abnahme der betreffenden Arbeit, sofern nicht nach § 11 der allgemeinen Bedingungen ein anderer Unternehmer haftbar gemacht werden kann.

§ 3. *Berechnung der Leistungen.* Bei Anstrichflächen wird für den Anstrich aller Beschlagteile, sowie für den Anstrich der vorspringenden Kanten, Gliederungen und Gesimse bis zu 10 cm Abwicklungsbreite keine besondere Vergütung gewährt. Bogenförmige Abschlüsse werden mit $^2/_3$ ihrer Pfeilhöhe in Ansatz gebracht. Der Anstrich auf Gliederungen und Gesimsen von mehr als 10 cm Abwicklungsbreite wird flächeninhaltlich in Ansatz gebracht, sofern nicht eine andere Berechnungsweise vorgesehen ist.

Bei der Ermittlung der Flächen von Fenstern, Oberlichten und Glastüren werden die lichten äußeren Maße des Mauerwerks für den Anstrich zugrunde gelegt, Futter und Bekleidungen werden besonders berechnet.

Bei Anstrichen und Tapezierungen werden Öffnungen in den Wänden mit gestrichenen oder tapezierten Laibungen voll gerechnet, die Laibungen dafür jedoch nur bei Wandnischen in Ansatz gebracht. Gurtbögen mit gestrichenen Laibungen werden einseitig voll berechnet.

Die Gewölbe werden in plano, Lattenzäune, Gitter und Tore auf beiden Seiten voll berechnet, sofern nicht im Leistungsverzeichnis ausdrücklich anderes bestimmt ist.

Besondere Bedingungen
für die Ausführung von Glaserarbeiten.

§ 1. *Material.* Die durchschnittlichen Stärken des rheinischen Glases sollen betragen: $^4/_4 = 2$ mm, $^6/_4 = 3$ mm, $^8/_4 = 4$ mm.

Das Glas muß widerstandsfähig gegen die Einwirkung der Sonne und Witterungseinflüsse, gleichmäßig stark, eben und frei von Buckeln, Körnern, Blasen, Streifen, Rissen, Feuersprüngen und sonstigen Fehlern sein.

Der Glaserkitt ist aus Kreide mit bestem Leinölfirnis herzustellen, muß leicht erhärten und darf nicht rissig und spröde werden.

§ 2. *Ausführung.* Die Scheiben sollen nicht mehr als 2 mm Spielraum an jeder Kante haben. Vor dem Einsetzen der Scheiben sind die Kittfalze dünn mit Kitt auszulegen.

Sämtliche Scheiben müssen bei Holzrahmen mit Glaserstiften, bei eisernen Sprossen mit Hartholzdübeln vor dem Verkitten befestigt werden.

§ 3. *Nebenleistungen.* In die Angebotspreise ist die Lieferung aller zur vollständigen Fertigstellung erforderlichen Materialien, das Herausnehmen und Wiedereinsetzen der Fensterflügel sowie das Säubern und Putzen der Scheiben nach Vollendung der Malerarbeiten innerhalb 8 Tagen nach Aufforderung eingeschlossen.

Durch zu starke Spannung zersprungene Scheiben sind ohne Entschädigung sofort durch neue zu ersetzen.

§ 4. *Abrechnung.* Bei Fenstern wird die lichte Maueröffnung, bei Türen und Oberlichten nur die wirklich vorhandene Glasfläche ohne Abzug des Sprossenwerks berechnet.

Bei bogenförmigen Öffnungen werden die größten Breiten- und Längenmaße der Berechnung zugrunde gelegt.

Besondere Bedingungen
für die Lieferung und Verlegung von Linoleum.

Das zur Verwendung kommende Linoleum muß fehlerfrei und mindestens 3 Monate alt sein, was durch die Polizeibehörde des Fabrikationsorts zu bescheinigen ist.

Beim Verlegen des Linoleums sind nicht nur die Kanten, sondern die ganzen Flächen zu kleben, sowie die Kanten vorher scharf und gerade zu schneiden.

Als Klebestoff ist ausschließlich Schellack-Kopalkitt zu verwenden.

Einige Tage vor dem Verlegen ist das Linoleum in seinem Bestimmungsort auszubreiten. Stöße in den Längsbahnen sind unzulässig.

In die Angebotspreise ist außer dem Verlegen und der Lieferung aller zur vollständigen Fertigstellung des Linoleumbelags erforderlichen Materialien frei Baustelle, auch die Reinigung des Fußbodenestrichs von Schmutz und Staub vor dem Verlegen sowie die Reinigung des verlegten Linoleums einbegriffen. Linoleumverschnitt wird nicht besonders vergütet. Die Kanten des verlegten Linoleums sind so lange mit Eisenplatten zu beschweren, bis sie sich vom Estrich nicht mehr loslösen.

III. Baupolizei.

Nach der allgemeinen Rechtsauffassung des Volkes kann ein Grundbesitzer seinen Grund und Boden in der ihm geeignet erscheinenden Weise ausnützen und bebauen. So besagt der § 65 des Preußischen Allgemeinen Landrechts: „In der Regel ist jeder Eigentümer seinen

Grund und Boden mit Gebäuden zu besetzen oder seine Gebäude zu verändern wohl befugt." Das hierin ausgesprochene Recht der Baufreiheit ist also der fundamentale Grundsatz des gesamten Baurechts. Und der § 903 des BGB. bestimmt: „Der Eigentümer einer Sache kann, soweit nicht das Gesetz oder Rechte Dritter entgegenstehen, mit der Sache nach Belieben verfahren und andere von jeder Einwirkung ausschließen."

Trotzdem wird jeder zugeben, daß diese individuelle Freiheit des einzelnen nicht zu gänzlicher Schrankenlosigkeit in der Verfügung über sein Eigentum führen darf, weil er sonst seinen Nachbarn und der Allgemeinheit und damit letzten Endes wieder sich selbst unberechenbaren Schaden zufügen würde. An die Stelle des hemmungslosen Individualismus hat also ein gebundenes Recht zu treten, das dem einzelnen die Verfügung über seinen Besitz soweit allein überläßt, wie es mit den Rücksichten auf die Gesamtheit der menschlichen Gesellschaft vereinbar ist. Es muß deshalb ein System von Vorschriften bestehen oder erfunden werden, nach denen sich jeder bei der Ausnützung seines Eigentums zu richten hat. Dazu sagt das Allgemeine Landrecht allgemein:

§ 66. Doch soll zum Schaden oder Unsicherheit des gemeinen Wesens oder zur Verunstaltung der Städte und öffentlichen Plätze kein Bau und keine Veränderung vorgenommen werden.

§ 67. Wer also einen Bau in Städten anlegen will, muß davon zuvor der Obrigkeit zur Beurteilung Anzeige machen.

Der letztere § 67 begründet also die Einführung einer polizeilichen Prüfungsbefugnis für alle Bauvorhaben und gibt der darauf erteilten Bauerlaubnis den Charakter einer Erklärung der zuständigen Behörde, daß aus dem bestehenden und geltenden öffentlichen Recht kein Hindernis für die Ausführung des vorgelegten Entwurfes zu entnehmen ist.

Bei dieser prüfenden Tätigkeit bedarf die Baupolizei eines geeigneten Werkzeuges in Form von Einzelbestimmungen, denen jeder Bau aus Gründen des öffentlichen Wohles zu unterwerfen ist. Diese Bestimmungen haben sich auf die verschiedenartigsten Gebiete menschlicher Tätigkeit zu erstrecken. Vorschriften zur Regelung und Sicherung des öffentlichen Verkehrs, Bestimmungen zum Schutz von Leben und Gesundheit der Menschen und zur Erhaltung des Eigentums haben den Kern dieses Systems von Gesetzen zu bilden. Aber die menschliche Gemeinschaft kann nicht von materiellen Gütern allein ihr Leben fristen, sondern bedarf zur Erhaltung ihrer Kraft vor allem auch der Pflege ihres geistigen Besitzes. In Zeiten des materiellen Wohlergehens und des äußerlichen Aufschwunges eines Volkes sind alle Teile zu sehr geneigt, ihr Interesse in erster Linie der Pflege der Lebensäußerlichkeiten zuzuwenden und darüber das Streben nach geistigem Wert zu vernachlässigen. Und so ist es gekommen, daß unsere deutschen Bauvorschriften Jahrzehnte hindurch sich auf die Feststellung der obengenannten mehr konkreten Rechte und Pflichten des Eigentümers und des Bauenden beschränkten, und daß es erst einer langen geistigen Er-

8*

ziehung des Volkes bedurfte, um ihm die Notwendigkeit des Schutzes der ideellen Güter der Allgemeinheit gegen die Schrankenlosigkeit des Verfügungsrechts des einzelnen wieder klar zu machen. Als besonderes, weil sichtbares Mal auf dem Wege der Erkenntnis dieser Wahrheit sind die Bestrebungen und Erfolge der Heimatschutzbewegung anzusehen, deren Gedanken in den letzten Jahren immer mehr und mehr in unsere Baugesetzgebung Eingang gefunden haben. Das Streben nach Schönheit durchdringt allmählich das deutsche Baurecht, teils auf dem Wege einer umfangreichen Sondergesetzgebung, teils durch Einfügen einzelner verpflichtender Zusätze in die vorhandenen Bauordnungen. Und ebenso wie der Wille zum augenfällig Schönen, so reift auch der Wunsch nach dem sittlichen Ideal des gesunden Familienlebens allmählich zur Tat aus. Die Besserung der Wohnweise ist das Ziel alles sozialen Strebens der modernen Bauordnungen, da sie allein den Weg zu der sittlichen Schönheit der zufriedenen und glücklichen Familien eröffnet. Die Familie ist die Zelle des Staates, sie zu pflegen ist die oberste Pflicht des Staates. Und in demselben Maße, wie sich die Erkenntnis dieser Schatzgüter der Menschheit mehr und mehr Bahn bricht, sehen wir unsere Bauordnungen sich nach dieser Richtung vervollkommnen. Die badische Landesbauordnung vom 1. September 1907, das preußische Wohnungsgesetz vom 28. März 1918 haben sich in den Dienst der Sache gestellt und umfassende Vorschriften über die Wohnungsbeschaffung der Minderbemittelten und über die Wohnungspflege und Wohnungsaufsicht erlassen, welche allmählich zu wirken beginnen.

Die vorstehende kurze Übersicht hat gezeigt, daß man unter der Baupolizeigesetzgebung nicht die bekannten Sonderbauordnungen allein verstehen kann, sondern, daß sie einen großen Komplex von Einzelvorschriften auf den verschiedensten Gebieten menschlicher Tätigkeit umfaßt, die der Reihe nach untersucht werden müssen.

Der Urgedanke aller Bauordnungen ist der des Schutzes von Leben und Eigentum gegen Feuer, verheerende Seuchen und Übergriffe des einzelnen. Auf ihm beruhen alle Vorschriften, die sich auf die Ausnützung der Grundstücke, Höhe und Abstand der Gebäude, Größe der Höfe, Konstruktion der Bauten, Bedachung, Treppen, Feuerstätten, Schornsteine, Aborte, Entwässerung, Wasserversorgung, Stallungen und ähnliches beziehen. Derartige Vorschriften kannte schon das Mittelalter. Man war durch verheerende Brände in manchen Städten schon frühzeitig zu der Einsicht gekommen, daß der einzelne die Gesamtheit schädige, wenn er seine Holzbauten zu nahe an den Nachbar oder an das Gegenüber in der Straße heranrückte und sie mit feuergefährlichen Stoffen eindeckte. Man erfand die sogenannten Feuergassen und beschränkte das Maß der einzelnen Stockwerksvorsprünge an der Straßenfront und anderes mehr. Darüber hinaus beschäftigten sich die Bauvorschriften einzelner Städte auch mit dem äußeren Eindruck der

Gebäude. Namentlich für die auf Geheiß der Landesherren entstehenden Residenzen wurde zur Förderung des Dekor im modernen städtebaulichen Sinne eine Reihe von Einzelvorschriften erlassen, die sich auf Einhaltung möglichst gleicher Gesims- und Dachhöhen, auf einheitlichen Anstrich, auf befriedigende Wirkung der Vorgärten und ähnliches erstreckten. Neben der rein technischen Tätigkeit übten die damaligen Baukontrolleure und Zensoren also auch schon das Amt der modernen Bauberatungsstellen hie und da aus. Der gleichmäßige Eindruck vieler süddeutscher Städte (Ludwigsburg usw.) ist auf diese erziehliche Tätigkeit der Baupolizei zurückzuführen.

Aus diesen Anfängen heraus entwickelten sich allmählich unsere heutigen Bauordnungen, deren stärkstes Glied die bekannte Berliner Baupolizeiverordnung gewesen ist. Sie wurde geschaffen, als es bei dem ungeheuren wirtschaftlichen Aufschwung der Jahre 1871—1900 nötig wurde, dem Bauwesen der riesig wachsenden Großstadt ein festes Fundament zu geben und es vor krankhaften Zusammenbrüchen zu bewahren.

Das zentralisierende Streben der preußischen Staatsgewalt brachte es mit sich, daß die für Berlin erfundene und für diesen engeren Bezirk auch brauchbare Sonderbauordnung sehr bald als Musterordnung für alle anderen Städte angesehen und mehr oder weniger genau von ihnen übernommen wurde. Was in der großen Residenz recht schien, war in der kleinen Provinzstadt heilig. Und damit übernahm man nicht nur alle guten, sondern leider auch alle bösen Vorschriften des Berliner Systems und verpflanzte dies künstlich in die kleinen Städte. Vier- und fünfstöckige Mietskasernen, enge Höfe, schlecht beleuchtete Seitenflügel, Hinterhäuser — kurz die intensivste Ausnützung der Baugrundstücke war die Folge zum Schaden der bodenständigen Bauweise aus älterer Zeit. Manch altes gemütliches Bürgerhaus der Provinzstadt sieht noch heute wunderlich wie eine stumme Klage aus einer besseren Zeit zwischen den Wolkenkratzern der neuen Unvernunft hervor, bis es auch eines Tages einem ähnlichen Ungetüm Platz machen wird. Und die Folgen? Die billigen Baugrundstücke der kleinen Stadt erreichten in kurzer Zeit fabelhafte Preise, die Spekulanten rieben sich schmunzelnd die Hände, als sie den Geldstrom in ihre Taschen wandern sahen, und die Mieter bezahlten die Zeche. Eine allgemeine Verschlechterung der Wohnweise verbunden mit dauernder und immer wieder steigender Verteuerung der Behausung — darauf steigende Preise auf jedem Gebiet des Lebens von den Löhnen bis zu den Bedarfsartikeln waren die Folge. Aber auch die Konstruktion der Bauten wurde ungebührlich verteuert. Die einfachen Baubedingungen der kleinen Häuser mußten verlassen werden, an ihre Stelle traten die notwendigerweise viel höheren baulichen Anforderungen der Großbauten und damit eine weitere Verteuerung oder bei gleichbleibendem Einkommen Verschlechterung der Wohnweise.

Erst der neuesten Zeit ist es vorbehalten geblieben, aus diesen Irrwegen der künstlichen Verpflanzung der Berliner Anschauungen in die kleine Stadt den notwendigen Ausweg zu finden, indem man zugunsten des Flachbaues und besonders des Kleinwohnungswesens erleichternde Vorschriften erließ. Aber der Grundbesitz der Städte, der die Erhöhung der zulässigen Ausnutzbarkeit im eigenen Interesse guthieß, wehrt sich nun offen und geheim gegen alle Bestrebungen, die auf diesem Gebiet des „Los von Berlin" liegen. Hier hilft nichts als die eiserne Durchführung einer gewaltsamen Herabzonung der Bauweise in allen, namentlich den kleineren Städten, so schmerzhaft auch diese nachträgliche Operation am Körper des alten Grundbesitzes sein mag. Aber eine nachträgliche Härte gegenüber einzelnen ist für die Volksgesamtheit immer noch erträglicher als die Verewigung des ungesunden bisherigen Zustandes. Und so sehen wir denn mit dem Fortschreiten dieser Erkenntnis allmählich in alle deutschen Bauordnungen die Bauklasseneinteilung einziehen. Verständigerweise wird diese so durchgeführt, daß man für den voll ausgenützten Stadtkern, an dem nichts mehr zu retten ist, die alte Ausnutzbarkeit bestehen läßt, ihn dafür aber mit annähernd konzentrischen Ringen anderer Bauklassen umgibt, in denen die Höhe der Gebäude und damit die Wohndichtigkeit, die Stockwerkszahl usw. nach außen hin stufenweise abnimmt und gleichzeitig die Freiflächen zunehmen. Für die zurzeit noch unaufgeschlossenen Außenbezirke steigert sich diese Herabzonung bis zur Vorschrift des Flachbaues oder wenigstens der niedrigen offenen Bauweise, so daß in ihnen die schrankenlose Spekulation eine Grenze gefunden hat. Derartige Vorschriften sind allmählich in den letzten Jahrzehnten in die Bauordnungen fast aller Städte aufgenommen worden, und sie alle haben neuerdings für Preußen die gesetzliche allgemeine Grundlage in dem Artikel 4 des preußischen Wohnungsgesetzes gefunden, in welchem ausdrücklich auf den möglichen Erlaß solcher Abstufungsbestimmungen hingewiesen ist. Freilich wäre eine zwingende Vorschrift an dieser Stelle noch richtiger gewesen als die zaghafte „Kann"-Ermächtigung, da es so weniger von der Einsicht der örtlichen Leitung und ihrer Abhängigkeit von den lokalen Einflüssen bedingt wäre, ob die angestrebte allgemeine Gesundung der Wohnweise durchgeführt würde. Aber die durch die Neuordnung des Staatslebens und aller parlamentarischen Verhältnisse erwirkte Befreiung der örtlichen Behörden von dem einseitigen Einfluß der interessierten Grundbesitzerkreise wird nach dieser Richtung von selber langsam das Nötige tun. Hand in Hand mit der gewollten Herabzonung des städtischen Wohnbaues gehen die auch durch das Wohnungsgesetz gesicherten Bestrebungen auf Schaffung besonderer Wohnviertel durch Verbot von lästigen Industrien in ihren Bezirken und andererseits die Gründung von Industrievierteln durch Gewährung bedeutender Vergünstigungen für die in ihnen zu errichtenden gewerblichen Bauten. An dieser Stelle berühren sich die städte-

baulichen Absichten der neuzeitlichen Stadterweiterungspläne mit der
baupolizeilichen Tätigkeit. Deshalb ist ein verständiges Hand-in-Hand-
Arbeiten beider, am besten unter einheitlicher örtlicher Leitung unbe-
dingtes Erfordernis. Und die kommende Zeit wird hoffentlich die Erfüllung aller dieser Wünsche und Pläne der Einsichtigen bringen, die
von der Überzeugung durchdrungen sind, daß eine Wiederaufrichtung
des deutschen Volkes nach dem unglücklichen Kriege von der Familie,
der Zelle des Staates, in erster Linie auszugehen hat. Deshalb sind alle
darauf gerichteten Bestrebungen der örtlichen und zentralen Behörden
in weitestgehendem Maße allseitig zu unterstützen. Vor allem aber ist
die bisherige Zersplitterung der Kräfte *auf diesem Gebiet* zu beseitigen
und an ihre Stelle die planmäßige Zusammenfassung auch auf dem Gebiete der Gesetzgebung zu erstreben. Die vielen einschlägigen Sondergesetze müssen in allen Bundesstaaten zu einem Baugesetz zusammen-
gefaßt werden, das mit eiserner Folgerichtigkeit die richtunggebenden
Kannvorschriften in Mußvorschriften umändert und dadurch das Ent-
schlüpfen einzelner aus den Maschen und Lücken der Sondergesetze
verhütet. Es muß der in dem Sinne verhängnisvolle Zustand beseitigt
werden, daß z. B. für Preußen nebeneinander ein Fluchtliniengesetz,
ein Enteignungsgesetz, ein Umlegungsgesetz, eine Lex Adickes, ein
Bürgschaftssicherungsgesetz, ein Gesetz zur Förderung der Ansiedlung,
ein Gesetz zur Sicherung der Bauforderungen, ein Gesetz zur Verhütung der Verunstaltung, eine Unzahl verschiedener örtlicher Baupolizeiverordnungen, ein Ministerialerlaß, betreffend Erleichterungen für den
Kleinwohnungs- und Mittelhausbau und schließlich ein preußisches
Wohnungsgesetz mit besonderen Bestimmungen über die Wohnungsaufsicht und Wohnungspflege bestehen. Das preußische Wohnungsgesetz, das den Versuch einer teilweisen Ergänzung und Zusammenfassung
dieser Hydra von Einzelgesetzen unternommen hat, darf nur als ein
Notgesetz betrachtet werden, mit dem man so lange sich einverstan-
den erklären muß, bis es in hoffentlich naher Zeit durch ein großes, das
ganze Gebiet umfassendes preußisches allgemeines Baugesetz abgelöst
wird, in dem alle Einzelgesetze restlos aufgehen. Es ist als besondere
Seltsamkeit anzusehen, daß kleinere Bundesstaaten, wie z. B. Baden
und Württemberg schon seit einer Reihe von Jahren zusammenfassende
Gesetze erlassen haben, während gerade das große Preußen infolge seiner vielleicht etwas mehr beschwerten Gesetzgebungsmaschine noch
nicht dazu gekommen ist. Aber die neuere Zeit wird hoffentlich auch
auf diesem Gebiet mit alten Vorurteilen aufräumen und endlich ein einheitliches, groß angelegtes Gesetzwerk, ein allgemeines preußisches Baurecht schaffen. Natürlich wird dies niemals örtliche Eigentümlichkei-
ten erschöpfen können, sondern es muß dem Erlaß besonderer örtlicher
Einzelverordnungen genügend Raum lassen, um nicht in den alten,
oben beklagten Fehler der Schematisierung und Übertragung groß-
städtischer Verhältnisse auf das ganze Land zu verfallen. Aber auch

hierin haben die anderen Landesgesetze schon den richtigen Weg gewiesen und gezeigt, daß örtliche Besonderheiten in Lokalbauordnungen ausreichend gewürdigt werden können.

Wenn man diesen Gedanken weiter verfolgt, so wäre sogar der Erlaß eines Reichsgesetzes über die ganze Materie denkbar, da schon jetzt das Studium der Landesgesetze beweist, daß der größte Teil ihres Inhalts sachlich allen gemeinsam ist. Daneben wäre für Landes- und Ortsbauordnungen zur Berücksichtigung der örtlichen Besonderheiten Raum genug. Vielleicht wird auch dies trotz der oft beklagten Eigenbrödelei des Deutschen in nicht zu ferner Zukunft erreicht, wenn wir uns aus dem Wust der engherzigen Kirchturmspolitik als ganzes Volk wieder zu dem Gedanken durchgerungen haben, daß nur in der straffsten Zusammenfassung aller arbeitsbereiten Kräfte das Heil des Volkes zu suchen und ein Wiederaufstieg zur Kraft und Geltung zu erreichen ist. Alles dies ist aber nur durch freiwillige Mitarbeit aller, durch tatbereite Einordnung in den gesamten Vorgang, nicht durch mehr oder weniger erzwungene Unterordnung unter einen polizeilichen Willen und durch polizeiliche Bevormundung zu erreichen. Es muß nicht mehr ein Dogma sein, daß man für die Benutzung des tief in der Volksseele lebenden Rechts am Eigentum eine besondere polizeiliche Erlaubnis (Bauerlaubnis) braucht, sondern, daß dem Besitzer durch Gesetz und besondere baupolizeiliche Urkunde allein die Bedingungen bekanntgegeben werden, unter denen er ohne Schädigung Dritter oder der Allgemeinheit sein an sich bestehendes Recht der Baufreiheit ausüben darf. Es ist bezeichnend, daß dieser Gedanke in dem alten freiheitlich geleiteten Staat Hamburg schon seit langer Zeit gesetzlich festgelegt ist, während in allen anderen Staaten für den ganzen Privatbesitz und teilweise selbst für Staatseigentum noch die Erteilung einer polizeilichen Genehmigung üblich ist. In Hamburg hat man in der Baupolizeiverordnung den Weg der einfachen Bauanzeige gewählt, auf welche binnen bestimmter Frist die Mitteilung der Einzelbedingungen oder die vorbehaltlose Zustimmung der Baupolizei zu folgen hat. Und so gut, wie dies Verfahren in Hamburg möglich ist, ebenso leicht muß es bei gutem Willen der Polizeiverwaltungen auch in anderen Staaten durchführbar sein. Wenn es auch sachlich dieselbe Beschränkung des Bauherrn bringt, so bedeutet es doch für das Gefühl des Volkes die Befreiung von unnötiger polizeilicher Bevormundung. Und das sollte man nicht immer wieder dauernd unterschätzen; die Erfahrungen der langen Kriegszeit dürften darin der freiheitlichen Auffassung den Weg etwas besser bereitet haben.

Der entwerfende und bauleitende Architekt hat die Pflicht, den Vorteil seines Bauherrn zu wahren, soweit er dazu in den Gesetzen die notwendige Handhabe findet. Er hat also in erster Linie neben der allgemeinen Beherrschung seines gesamten Arbeitsgebietes sich den Sinn der Baugesetze zu eigen zu machen, so daß er innerhalb der ihm von seinem Bauherrn angegebenen Bauabsichten so solide, so billig und so erfolgreich baut, wie er nur kann und darf. Das soll nun nicht etwa heißen, daß jede Baustelle ein baupolizeilich zulässiges Höchstmaß an Ausnutzung verträgt, welches der Architekt unter allen Umständen für seinen Bauherrn herausschlagen muß. Denn bei solchen Gedanken kämen wir nur wieder zu den als verfehlt anerkannten steingewordenen Spekulationsprodukten der Großberliner Bauweise. Wohl aber muß er sich so innig mit dem Wesen und den Grenzen aller Bauvorschriften vertraut machen, daß er das absolut Beste aus den Absichten des Bauherrn und den Vorschriften der Bauordnung für jeden Einzelfall zusammenzuschweißen versteht. Er muß in diesem höheren Sinne die Interessen seines Bauherrn mit der Sorgfalt eines ordentlichen Kaufmannes wahrnehmen.

Da es unmöglich ist, im Rahmen dieser kleinen Schrift den umfangreichen Inhalt einiger Bauordnungen wörtlich wiederzugeben, so müssen wir uns zum Studium des Themas mit der auszugsweisen Mitteilung einiger Landes- und Stadtbauordnungen begnügen und dabei die wesentlichen Unterschiede und Besonderheiten hervorheben.

Sächsisches Baugesetz.

Das allgemeine Baugesetz für Sachsen vom 1. 7. 1900 (Textausgabe von Dr. Walter Troitzsch, Leipzig 1913, III. Auflage, Rombergsche Verlagsbuchhandlung) führt in seinem ersten Abschnitt die Führung sogenannter Oblastenbücher zur Eintragung baurechtlicher oder freiwillig übernommener Verpflichtungen des Eigentümers ein. Diese durch schriftliche Erklärung vor der Baupolizei eingegangenen Verpflichtungen haften als öffentlichrechtliche Lasten auf dem Grundstück und gehen ohne weiteres auf den Besitznachfolger — auch bei Zwangsvollstreckung — über. Die Einzelheiten der Oblastenbücher werden durch Ortsgesetz geregelt.

Baupolizeiliche Ausnahmen, durch welche Rechte Dritter berührt werden, können nur nach Anhörung dieser, also unter ihrer vollen Mitwirkung, gestattet werden.

Der zweite Abschnitt gibt den Gemeinden das Recht und im Bedarfsfalle die Pflicht zum Erlaß besonderer ortsgesetzlicher Bestimmungen über die Einzelheiten der Bauordnung im Rahmen des allgemeinen Baugesetzes, an deren Stelle auch örtliche Baupolizeiverordnungen treten können.

Der dritte Abschnitt verpflichtet die Gemeinden zur Aufstellung neuzeitlicher Bebauungspläne, in denen durch vordere und hintere Fluchtlinien, Vorschriften über die Bauweise, über den Abstand und die Höhe der Gebäude, die Zulässigkeit gewerblicher Anlagen, die Verbauung des Hinterlandes, Entwässerung der Straßen usw. der allgemeine Baucharakter festgelegt, das Wohnbedürfnis befriedigt und die Verunstaltung verhindert werden soll. Die Straßenbreiten sollen dem Bedürfnis des Verkehrs in Haupt-, Neben- und Wohnstraßen angepaßt werden. Besondere Vorschriften regeln die Herabzonung der Außenviertel, die Wohndichte, die Ansiedlung besonderer Gewerbeviertel und die Anlage von Grünflächen und öffentlichen Gebäuden. Die inneren Baublockflächen sind freizulassen, geschlossene Reihen von Hinterhäusern sind unzulässig. Die Abtretung des vor der Fluchtlinie liegenden Grundstücksteiles zur Straße und die Entschädigung werden geregelt. Zur Sicherung der Aufstellung und Durchführung eines Bebauungsplanes wird die zweijährige Bausperre eingeführt, während der sowohl die Bebauung wie auch die Grundstücksteilung nur mit besonderer baupolizeilicher Erlaubnis zulässig sind.

Der vierte Abschnitt behandelt die Straßenanlage im Sinne des preußischen Fluchtliniengesetzes. Danach haben die Anlieger das Straßenland unentgeltlich zu beschaffen und alle Aufwendungen für den Straßen- und Kanalisationsbau zu ersetzen, soweit nicht durch Ortsgesetz deren Übernahme durch die Gemeinde vorgesehen ist. Ebenso ist den Gemeinden das Recht zum Erlaß von Vorschriften über die Straßenreinigung durch die Anlieger übertragen.

Der fünfte Abschnitt regelt die Umlegung von Grundstücken zur Herbeiführung der Baureife, dehnt also das in Preußen bisher nur für ländlichen Besitz vorhandene Umlegungsrecht auch auf städtische Grundstücke aus. Das Verfahren ist im übrigen dasselbe wie in Preußen. Gleichzeitig gibt der Abschnitt die wünschenswerte Enteignungsmöglichkeit für unbrauchbare Spließteile von Nachbargrundstücken und das Enteignungsrecht für bebaute und unbebaute Grundstücke zur Sanierung alter Stadtteile.

Der sechste Abschnitt behandelt die Erstattung der Anliegerbeiträge an den Straßenunternehmer und gestattet die Verweigerung der Bauerlaubnis zur Erleichterung der Einziehung.

Der siebente Abschnitt enthält eine große Zahl von baupolizeilichen Einzelbestimmungen über die Bauausführung von Gebäuden, wie sie den meisten Bauordnungen gemeinsam sind. Im Gegensatz zu den preußischen städtischen Bauordnungen können laut § 90 durch Ortsgesetz für einzelne Ortsteile höhere künstlerische Anforderungen gestellt werden. Die Geschoßzahl ist auf drei in ländlichen Orten, im übrigen auf vier und im Stadtkern von Städten mit mehr als 50000 Einwohnern sowie an besonders breiten Straßen auf fünf festgelegt. Demnach fehlt noch die Tendenz der Herabzonung der Außenviertel bis zum reinen Flachbau, wie sie nach den neuesten Anschauungen zu fordern wäre. Dafür aber ist in § 102 eine höchste Wohnbautiefe von 16 m in geschlossener und 20 m in offener Bauweise vorgeschrieben. Die neuzeitliche Forderung der Zulassung von Ersatzbaustoffen zur Verbilligung der Bauten ist in § 108 erfüllt, ebenso die der Anlage gemeinsamer Brandmauern zu demselben Zweck in § 111. Leider werden in § 114 noch vier Wohnungen in jedem Geschoß an einer Treppe gestattet, so daß eine sehr starke Wohndichte eintreten muß und die gesundheitliche Forderung der Querdurchlüftung zum Schaden der Wohnweise nicht gestellt werden kann. Indessen sind wenigstens Kellerwohnungen in Orten, wo sie bisher nicht üblich waren, in § 116 verboten. An Stelle der Forderung nach Verbesserung des Wohnwesens tritt also wenigstens die Verhinderung der Verschlechterung. In § 133 ist für jede selbständige Wohnung ein Abort vorgeschrieben.

Der achte Abschnitt gibt eine kurze Zusammenstellung der Schutzmaßregeln bei Bauausführungen, die sich in den üblichen Grenzen halten.

Der neunte Abschnitt behandelt die polizeiliche Beaufsichtigung der Bauten, schreibt die Anzeigepflicht zur Genehmigung binnen einer Frist von vier Wochen vor, gibt aber den etwa geschädigten dritten Personen ein Einspruchsrecht. Darüber hinaus schaffen die § 162 und 163 das grundlegende Recht der Baupolizei und der Gemeinden zur Überwachung bestehender Gebäude und führen damit die öffentliche Wohnungsaufsicht auf Grund besonderer Ortsgesetze im Sinne des preußischen Wohnungsgesetzes ein. Hierdurch erfüllt das allgemeine Baugesetz von Sachsen wesentliche soziale Forderungen der Neuzeit, die in den anderen Bundesstaaten erst später Beachtung gefunden haben.

Der zehnte Abschnitt regelt die Erhebung von Gebühren für die baupolizeiliche Prüfung der Bauvorlagen und für die Überwachung der Bauausführung. Im Interesse der Erleichterung der Wohnungsbeschaffung wäre hier eine baldige Änderung mit dem Ziele der endgültigen Abschaffung dieser Gebühren, mindestens für Wohnbauten, erwünscht.

Der elfte Abschnitt enthält die wenigen Übergangs- und Schlußbestimmungen.

Im ganzen genommen können wir das sächsische Baugesetz als einen erfolgreichen Versuch zur Zusammenfassung der wesentlichsten baurechtlichen Bestimmungen in einem Rahmengesetz ansehen, dem aber eine baldige Neubearbeitung nach sozialen Gesichtspunkten zu wünschen wäre.

Badische Landesbauordnung.

Die *badische Landesbauordnung vom 1. 9. 1907* ist im wesentlichen eine Normalbauordnung, die sich in der Hauptsache auf die rein baupolizeilichen Gebiete beschränkt, wie es ja auch die preußischen Bauordnungen durchweg tun. Sie hat aber in § 32 in ganz besonders klarer Weise die Einteilung des Stadtgebietes in Bauklassen mit verschiedener Baudichtigkeit eingeführt, so daß sein Wortlaut als Programm für alle gleichen Bestrebungen gelten kann. Deshalb sei ihm hier Raum gegeben:

§ 32. (1) Der Grad der zulässigen Überbauung der Grundstücke (*Baudichtigkeit*) soll, wo nicht die örtlichen Verhältnisse eine solche Regelung als entbehrlich erscheinen lassen, durch die örtlichen Bauordnungen in bezug auf

a) das Maß der zur Bebauung zugelassenen Fläche der einzelnen Grundstücke,

b) die Gebäudehöhe und Geschoßzahl,

c) den Abstand der Außenwände der Gebäude voneinander und von der Nachbargrenze (offene, halboffene, geschlossene Bauweise) und den Abstand der Fensterwände,

d) die Verwendung des Hinterlandes (Tiefe der Bebauung, Hintergebäude) festgesetzt und für größere Orte nach *Bauklassen* abgestuft werden; diese Abstufung kann sowohl nach ganzen Ortsteilen wie auch nach einzelnen Straßen oder Straßenteilen erfolgen.

2. Bei Festsetzung dieser Bauklassen ist davon auszugehen, daß je nach der Zweckbestimmung der einzelnen Ortsteile usw. als Geschäfts-, Wohn-, Landhaus und Industriebezirke nach Maßgabe der vorstehenden Gesichtspunkte eine verschiedene Baudichtigkeit vorgeschrieben wird. Dabei sind insbesondere die gesundheitlichen, wirtschaftlichen, Verkehrs- und Geländeverhältnisse der einzelnen Gemeinden und Ortsteile zu berücksichtigen; in der Regel ist eine vom Ortsinnern nach außen abnehmende Baudichtigkeit anzustreben. Schroffe Übergänge von der einen zur anderen Bauklasse sollen tunlichst, nötigenfalls durch Schaffung geeigneter Zwischenklassen vermieden werden.

3. Bei der Begrenzung der einzelnen Bauklassen ist dem vorhandenen und dem voraussichtlich zu erwartenden Bedürfnis Rechnung zu tragen; je nach der Zunahme der Bevölkerung und der wirtschaftlichen Entwicklung der einzelnen Orte und Ortsteile ist in entsprechenden Zwischenräumen eine Nachprüfung der Bauklasseneinteilung vorzunehmen.

4. Für Grundstücke, die bei Neufestsetzung von Bauklassen das nach der betreffenden Bauklasse zulässige Maß der Baudichtigkeit bereits überschritten haben, können die Anforderungen entsprechend ermäßigt werden.

5. Vor Erlassung der in diesem Paragraphen erwähnten Vorschriften über Abstufung der Baudichtigkeit soll den Beteiligten Gelegenheit zur Äußerung gegeben werden.

Außer diesen programmatischen Vorschriften über die Bauklasseneinteilung enthält die badische Landesbauordnung noch in den §§ 33—35 grundlegende Bestimmungen zugunsten des Heimatschutzes, die in dem späteren preußischen Verunstaltungsgesetz ebenfalls Aufnahme gefunden haben und an anderer Stelle behandelt werden. Vor allem aber geben die §§ 147—159 Richtlinien für Einführung örtlicher Wohnungsordnungen und

die §§ 160—169 Vorschriften über die Wohnungsaufsicht, die von Preußen
erst 1918 in das preußische Wohnungsgesetz übernommen worden sind.
Es ist insbesondere der Tätigkeit der badischen Wohnungsinspektoren zu
danken, daß dieses Kapitel der öffentlichen Fürsorge durch das badische
Beispiel jetzt auch in den anderen Bundesstaaten die notwendige Beachtung
gefunden hat und gesetzlich geregelt worden ist. Die Einzelheiten stimmen
ungefähr mit dem bei Besprechung der Artikel 5—7 des preußischen Wohnungsgesetzes Gesagten überein, so daß von ihrer Wiedergabe hier Abstand
genommen werden kann.

Die badische Bauordnung hat aber gegenüber den preußischen Bauordnungen noch eine Besonderheit. In § 130 bestimmt sie, daß die Baupolizei
verpflichtet ist, bei Eingang eines Baugesuches die Nachbarn und soweit
erforderlich die Eigentümer der gegenüberliegenden Grundstücke in Kenntnis zu setzen und ihre etwaigen Einsprüche gegen das Bauvorhaben entgegen-
zunehmen. Soweit die Einsprüche nicht auf dem Wege der Verhandlung
gütlich beigelegt werden können, hat die Ortsbaukommission sich gut-
achtlich zu äußern und die Sache dann dem Bezirksamt zur Entscheidung
vorzulegen. Ebenso sind die Nachbarn bei einer beabsichtigten Abweichung
von der planmäßig festgesetzten Baufluchtlinie besonders zu hören und ihre
Erklärungen dem Bezirksamt zu übergeben.

Durch diese in Preußen unbekannte Vorschrift wird zwar das Genehmigungsverfahren an sich etwas beschwert und wohl auch gelegentlich ver-
langsamt, aber es wird gleichzeitig manche spätere Reibung zwischen den
Nachbarn und manche nachträgliche Beschwerde bei der Baupolizei überflüssig gemacht. Der Bauherr ist gezwungen, sich in Zweifelsfällen rechtzeitig
vor Abgabe seines Antrages mit den Nachbarn gütlich zu einigen, wodurch
das gegenseitige Vertrauensverhältnis zwischen den Beteiligten, also die
patriarchalische gute Nachbarschaft mehr gewahrt und gefördert wird als
durch das mehr oder weniger auf Überraschungen hinauslaufende preußische
Verfahren der Ausschaltung der Nachbarinteressen.

Bauordnung für Württemberg vom 28. Juli 1910.

Diese Landesbauordnung gleicht der sächsischen Bauordnung sehr. Auch
sie sieht in dem Abschnitt II über die Aufstellung des Bebauungsplanes die
Festsetzung rückwärtiger und seitlicher Baufluchtlinien vor. Sie verlangt
ausdrücklich, daß darauf Bedacht genommen wird, daß künstlerisch oder
geschichtlich wertvolle Bauten, Naturdenkmäler, Friedhöfe und schöne
Straßen und Landschaftsbilder erhalten bleiben, sowie daß mit der Bebauung
neu geplanter Straßen und Plätze solche Bilder neu geschaffen werden können.
Ebenso überläßt sie dem Ortsbauplan die Bestimmung darüber, ob und inwieweit Ortsstraßen auf einer Seite oder streckenweise auf beiden Seiten
nicht mit Gebäuden besetzt werden dürfen. Bezüglich des Erwerbes von
Straßenland bestimmt sie, daß für die Beschränkung der Rechte des Eigentümers keine Entschädigung geleistet wird, das heißt, sie stellt den sehr
vernünftigen Grundsatz auf, daß für das Straßenland nicht der Preis eines
Bauplatzes, sondern nur der Preis für ein Grundstück bezahlt wird, das einem
Bauverbot unterliegt. Hierin unterscheidet sich also die württembergische
von der preußischen Praxis, nach der bei Enteignungsentschädigungen im
Prozeßwege von den Sachverständigen meistens der Bauplatzpreis zugrunde
gelegt und dadurch die Straßenregulierung sehr erschwert und verzögert
wird. Auch gibt die württembergische Bauordnung den Gemeinden das
Enteignungsrecht für Abbruch von Gebäuden zur Sanierung alter Stadt-
teile, das in Preußen trotz vielfacher Forderung immer noch nicht besteht.
Das Verbot lästiger gewerblicher Anlagen und die Schaffung besonderer
Wohn- und Industrieviertel ist der Ortsbausatzung vorbehalten. In den

§ 97 und 98 gibt sie besondere Vorschriften zur Verhütung der Verunstaltung, über die an anderer Stelle berichtet wird.

Der § 99 schreibt die Einrichtung von Baulastenbüchern vor.

§ 111 verlangt die Vernehmung aller beteiligten Nachbarn und Behörden bei Eingang eines Bauantrages. Die Bauordnung gleicht hierin ganz der badischen im Gegensatz zu den preußischen und sächsischen Gepflogenheiten.

In § 119 verlangt sie bei starker Bautätigkeit die Anstellung von besonderen Bauaufsehern aus dem Bauarbeiterstande zur Unterstützung der Baupolizei bei der Baukontrolle. Dieselbe Einrichtung ist in den letzten Jahren in Preußen vielfach empfohlen und wird sich besonders bei der jetzigen innerpolitischen Lage wahrscheinlich in Kürze überall durchsetzen.

Baulastenbuch.

Eine besondere Eigentümlichkeit der süddeutschen Bauordnungen ist die gesetzliche Einführung eines sogenannten Baulasten- oder Oblastenbuches. Das sächsische Baugesetz schreibt in § 4 vor, daß zur Beurkundung baurechtlicher Verpflichtungen nach Bedürfnis von der Ortsbehörde ein Oblastenbuch zu führen ist, dessen Einzelheiten durch Ortsgesetz zu bestimmen sind.

§ 99 der württembergischen Bauordnung besagt dasselbe, und § 27 des badischen Ortsstraßengesetzes vom 15. Oktober 1908 regelt die Führung der Baulastenbücher für Baden im einzelnen. Er besagt:

§ 27. 1. Besondere, nicht schon aus den allgemeinen baupolizeilichen Vorschriften sich ergebende Verpflichtungen, welche hinsichtlich der Art der Überbauung oder hinsichtlich der Nichtbebauung von Grundstücken oder Grundstücksteilen, sowie hinsichtlich der Benutzung von Bauten oder Bauteilen auf Verlangen der Baupolizeibehörde gegenüber dieser Behörde von dem Eigentümer mit Rücksicht auf ein von ihm oder von einem anderen Eigentümer eingereichtes Baugesuch übernommen werden, haften, wenn sie in dem Baulastenbuch eingetragen sind, als öffentlich rechtliche Lasten (*Baulasten*) auf dem Grundstück und gehen als solche auf jeden späteren Erwerber des Grundstückes über.

2. Die *Erklärungen*, durch welche solche Verpflichtungen übernommen werden, müssen, um rechtsverbindlich zu sein, in *öffentlicher* oder *öffentlich beglaubigter Urkunde* oder unterschriftlich zu *Protokoll der Baupolizeibehörde* oder der *Gemeindebehörde* übergeben werden. Im übrigen ist die Rechtsgültigkeit der Erklärungen nach den Bestimmungen des bürgerlichen Rechtes zu beurteilen.

3. Soll durch Übernahme einer solchen Baulast die zulässige Überbauung eines Grundstückes nach Fläche oder Höhe zugunsten eines Nachbars verringert werden, so sind diejenigen, für welche *Rechte im Grundbuch eingetragen* sind, von dem Vorhaben zu *benachrichtigen*, soweit sie oder ihr Bevollmächtigter einen bekannten Wohnsitz im Deutschen Reiche haben. Die Eintragung der Baulast soll nicht vor Ablauf von zwei Wochen nach der Zustellung der Nachricht an den Drittberechtigten erfolgen.

4. Die *Baulastenbücher* werden von der *Gemeinde* geführt. Die näheren Vorschriften über ihre Einrichtung und Führung werden im Verordnungswege erlassen.

5. Die *Einsicht* der Baulastenbücher ist jedermann *gebührenfrei* gestattet. Auf Verlangen sind daraus auf Kosten des Antragstellers *Auszüge* oder *Zeugnisse* zu erteilen.

6. Die beim Inkrafttreten dieses Gesetzes *bestehenden Verpflichtungen* der in Abs. 1 bezeichneten Art erlangen die daselbst vorgesehene dingliche Wirkung, wenn die Erklärungen der Formvorschrift des Abs. 2 entsprechen und wenn seit Abgabe der Erklärung bis zum Eintrag in das Baulastenbuch ein Wechsel des Eigentümers nicht stattgefunden hat.

7. Gegen die *Entscheidung* der Baupolizeibehörde über das Bestehen von Baulasten und über die Wirksamkeit der Erklärungen, durch welche sie übernommen sind, findet Klage an den *Verwaltungsgerichtshof* statt.

Außer diesem § 27 des Ortsstraßengesetzes besteht in Baden eine Verordnung des Ministeriums des Innern vom 19. Dezember 1908, die Einrichtung und Führung von Baulastenbüchern betreffend, in welcher die Einzelheiten des Verfahrens ausführlich geregelt sind.

Das Baulastenbuch füllt in der Praxis eine oft empfundene Lücke aus, da es den vielen nicht in das Grundbuch zu übernehmenden Verpflichtungen rechtliche Wirkung verleiht, während die jetzt z. B. in Preußen gelegentlich eines Bauantrages abgegebenen Erklärungen häufig nicht innegehalten werden, auch nicht erzwungen werden können, weil sie nicht in das Grundbuch eingetragen sind. Die Übernahme in das Grundbuch wird aber vom Besitzer möglichst vermieden, aus Besorgnis, daß sie die Verkäuflichkeit des Grundstücks verschlechtert. Deshalb ist die Vorschrift des Baulastenbuches für alle Bauordnungen zu erstreben. Zweckmäßig sind auch die Anliegerbeiträge, welche an die Gemeinde oder den Straßenunternehmer zu zahlen sind, in die Baulastenbücher zu übernehmen (wie z. B. in Württemberg vorgeschrieben), so daß das *Grundbuch und das Baulastenbuch zusammen alle Belastungen* des Grundstückes eindeutig erkennen lassen. Zur Sicherung eines späteren Erwerbers ist allerdings eine engere Verbindung zwischen dem Grundstück und dem Baulastenbuch wünschenswert, die dadurch zu erreichen ist, daß dem Grundbuchrichter von jeder Eintragung in das Baulastenbuch Mitteilung gemacht wird, so daß er auf dem Grundbuchblatt einen kurzen Hinweis „vergleiche Baulastenbuch" aufnehmen kann.

Preußisches Wohnungsgesetz vom 28. März 1918.

Die bisher gegebene Übersicht über die süddeutschen Landesbauordnungen blieben aber unvollständig, wenn man nicht auch in die neueste Gesetzschöpfung auf diesem Gebiete einen kurzen Einblick täte.

Das preußische Wohnungsgesetz ist seit einer Reihe von Jahren in Wort und Schrift vom Volke verlangt und mehrfach schon von der Regierung und dem alten Landtag bearbeitet, aber immer wieder zurückgestellt, weil eine Einigung über die Ziele nicht erreicht werden konnte. Erst die im Frühjahr 1918 mit aller Bestimmtheit von den Sachverständigen vorausgesagte Wohnungsnot nach dem Kriege zwang die Regierung zu einer neuen schleunigen Vorlage des Entwurfes, der nach eingehenden Beratungen und Verbesserungen im Abgeordneten- und Herrenhause als Gesetz angenommen wurde.

Das Gesetz ist im wesentlichen ein Rahmengesetz und behandelt in acht Artikeln in ähnlich zusammenfassender Weise wie die süddeutschen Gesetze die gesamte Materie der Einzelbaugesetze.

Artikel 1 des preußischen Wohnungsgesetzes vom 28. März 1918 ergänzt in einigen wesentlichen Punkten das preußische Gesetz betreffend die Anlegung und Veränderung von Straßen und Plätzen in Städten und ländlichen Ortschaften vom 2. Juli 1875. Das alte Gesetz von 1875 schuf nur die Grundlagen für die Planung und Ausführung der Straßen, die Enteignung des Straßenlandes und die Verteilung der Straßenkosten auf die Anlieger und gab den Gemeinden durch die Einführung des ortsgesetzlichen Bauverbotes für Wohnhäuser an unfertigen Straßen die Möglichkeit, das wilde Bauen in der Gemarkung zugunsten einer planmäßigen Stadterweiterung zu verhindern. Die durch das preußische Wohnungsgesetz neuerdings hinzugefügten Ergänzungen sollen die Wohnweise durch *vermehrte Anlage von Grünflächen* (Gartenanlagen, Spiel- und Erholungsplätzen) verbessern und den Wohnungsbau fördern. Insbesondere ist das manchmal mißbräuchlich benutzte ortsstatutarische Bauverbot durch *Zulassung des Dispenses für Neubauten von Klein- und Mittelwohnungen* wesentlich gemildert, dabei aber das wilde Bauen durch die Pflicht zur Vorausleistung oder Sicherstellung der Anlieger-beiträge immer noch stark erschwert. Darüber hinaus will das Wohnungs-gesetz dem Kleinwohnungsbau durch die Befugnis der Gemeinde zum *Erlaß oder zur Stundung von Anliegerbeiträgen in Kleinwohnungsstraßen* Erleichterungen schaffen, was allerdings keine absolute Verbilligung des Wohnungsbaues, sondern nur eine Verschiebung der Lasten des Verbrauchers auf die Schultern der Allgemeinheit bedeutet. Deshalb wird von dieser Er-mächtigung wohl wenig Gebrauch gemacht werden. Ferner erhalten die Gemeinden das *Enteignungsrecht für Baumasken*, um möglichst billiges und in Form und Lage geeignetes Bauland für Wohnbauten zur Verfügung stellen zu können. Außer der früher zu einseitig betonten Berücksichtigung der Anforderungen des Verkehrs und der Polizei soll jetzt auch das hervor-getretene *Bedürfnis nach Klein- und Mittelwohnungen für die Fluchtlinien-festsetzung* bestimmend sein, so daß die Gemeinden im Aufsichtswege zur Planung neuer Wohnstraßen angehalten werden können. Leider hat das Gesetz immer noch nicht die notwendige Bestimmung über die Einführung rückwärtiger und seitlicher Baufluchtlinien erhalten, so daß die zur Besserung der Wohnweise so dringend nötige Verhinderung von Seitenflügeln und Hintergebäuden nicht auf dem Wege der Fluchtlinienfestsetzung, sondern nur durch baupolizeiliche Vorschrift einer Höchstbautiefe zu erreichen ist.

Außerdem stellt sich das ergänzte Fluchtliniengesetz auch in den Dienst des *Heimatschutzes*, indem es ausdrücklich fordert, daß bei der Festsetzung der Fluchtlinien darauf gehalten werde, daß keine Verunstaltung der Stra-ßen und Plätze oder des Orts- und Landschaftsbildes eintritt.

Auch die *Vorschrift des Entwurfes schmaler Wohnstraßen* und die Versa-gung des Dispenses vom ortsgesetzlichen Bauverbot für Großbauten zu-gunsten der an anderer Stelle zu schaffenden Flachbauten (Erd- und Ober-geschoß) wird die Wohnweise heben, ebenso wie der Hinweis auf Aussonde-rung von Kirch- und Schulbauplätzen in § 3 als willkommene allgemeine Richtlinie für einen guten Bebauungsplan aufzufassen ist. Als besondere Verbesserung ist die in dem neuen § 14a geschaffene Möglichkeit der ört-lichen *Einführung des Gesetzes betreffend die Umlegung von Grundstücken in Frankfurt am Main vom 28. Juli 1902 (sogenannte lex Adickes) in allen* preußischen Städten anzusehen. Damit ist ein von vielen Seiten immer wieder dringend geäußerter Wunsch erfüllt, da nun endlich die Möglichkeit zur Umlegung von Grundstücken und Bezirken zu baureifen Wohngrund-stücken gegeben ist. In diesem Verfahren werden alle noch unbebauten Grundstücke zu einer Masse vereinigt und nach Abzug der zu Straßen und Platzanlagen benötigten Flächen in dem Verhältnis der eingebrachten Größen in zweckmäßig gestalteten Einzelgrundstücken wieder unter die Besitzer verteilt. Der Antrag kann sowohl von dem Magistrat als auch von mehr als der Hälfte der Eigentümer mit dem größeren Flächeninhalt gestellt werden. Der unentgeltlich an die Gemeinde abzutretende Straßen- und Platzanteil ist auf 35% der Gesamtfläche bei Magistratsantrag und auf 40% bei Eigentümerantrag festgesetzt, so daß eine sehr weiträumige Bebauung ermöglicht wird. Das Gesetz bietet für die Gemeinden nur eine Schwierig-keit, an deren Erfüllung häufig die örtliche Einführung scheitern wird. Es verlangt nämlich in § 23, daß die durch Umlegung gewonnenen Straßen-züge innerhalb einer im Verfahren zu bestimmenden Frist (nicht über 4 Jahre bei Magistratsantrag) für den Anbau fertig hergestellt werden müssen, wi-drigenfalls die Errichtung von Wohngebäuden über diese Frist hinaus nicht mehr versagt werden kann. Es setzt mithin für diesen Fall das ortsgesetzliche Bauverbot für Wohnhäuser an unfertigen Straßen außer Kraft. Außerdem ist das Gesetz infolge seiner Entstehung als Sonderordnung für eine bestimmte Stadt (Frankfurt a. M.) mit außergewöhnlich vielen Sicherungen belastet, so daß es für den allgemeinen Gebrauch in allen Gemeinden etwas schwerfällig erscheint. Aber selbst solange es nicht vereinfacht ist, bedeutet seine allgemeine Zulassung durch das Wohnungsgesetz doch eine außerordentliche Verbesserung der Rechtslage in den Einzelgemeinden, weil sie ihnen im Falle des hervortretenden Wohnungsbedürfnisses eine brauchbare Handhabe zur Belebung des Wohnungsmarktes und dadurch mittelbar zur Verbesserung der Wohnweise gibt. Eine Durchkreuzung dieser Absichten durch Eigennutz der Grundbesitzer ist durch eine befristete Bausperre während der Durchführung der Umlegung wirksam verhindert.

Artikel 2 des Wohnungsgesetzes erleichtert die *Enteignung* von Grund und Boden für die Befriedigung des Bedürfnisses nach Mittel- und Kleinwohnungen durch Ausdehnung des während der Kriegszeit gültigen vereinfachten Verfahrens bis zum 31. Dezember 1926. Nach den Erklärungen der Regierung ist für die Zeit nach dem Kriege überhaupt eine Verbesserung des Enteignungsrechts in Aussicht genommen, bei der namentlich für die Entschädigung andere Grundsätze aufgestellt werden sollen, die den im ganzen Volke wurzelnden bodenreformerischen Anschauungen mehr Rechnung tragen. Bis zur baldigen Einführung dieser Verbesserungen wird der Artikel 2 den Gemeinden eine wirksame Handhabe zur Förderung des Wohnbaues sein.

Artikel 3 des Wohnungsgesetzes gibt die Möglichkeit, *Eingemeindungen und Umgemeindungen* von Vorortsteilen in die Städte in Zukunft unter dem Gesichtspunkt der Hebung der Wohnweise zu behandeln. Viele wachsende Industriestädte konnten wegen der zu geringen Ausdehnung ihrer Gemarkung wenig oder nichts zur besseren wohnlichen Ansiedlung ihrer Industriearbeiter und des Mittelstandes tun; ihre noch unerschlossenen Bauflächen waren zu klein und lagen dem teuren Stadtkern zu nahe, so daß es unmöglich war, auf ihnen zu erschwinglichen Mietspreisen Kleinhäuser für die Minderbemittelten zu erbauen. Außerhalb der Ortsgrenzen lag zwar billiger Ackerboden genug, um dort Flachbauten errichten zu können, aber man trieb damit die steuerzahlende Bevölkerung in die Landgemeinden hinaus. Außerdem aber fehlen in den ländlichen Vororten meistens die städtischen Einrichtungen der Kanalisation, der Wasserleitung und der Gas- und Stromversorgung, so daß der hinausziehende Arbeiter auf alle diese Annehmlichkeiten verzichten muß. Es ist nur natürlich, daß ein großer Teil es vorzieht, sich lieber weiter in den städtischen Mietskasernen einzupferchen, als die weiten Wege nach unbequemen Wohnstätten im Vorort auf sich zu nehmen. Dazu kam noch, daß die Industriestädte einen Teil der Schul- und Armenlasten und anderen öffentlichen Kosten der Landgemeinde zuschießen mußten, und daß trotzdem der städtische Ansiedler draußen nicht gern gesehen war, weil er nur Lasten für den Vorort mit sich brachte, während die wertvollen Steuererträgnisse seiner Industrie der Stadtgemeinde verblieben. Andererseits ist es verständlich, daß die Landkreise der Eingemeindung größerer Gebietsteile meistens unfreundlich gegenüberstanden, weil sie sich dadurch in ihrer Selbständigkeit bedroht glaubten, ihre besten Gebiete abgeben mußten und schließlich für den ihnen verbleibenden Restkreis ein ungebührlich hohes Maß von Schulden behielten, das ihnen unerträgliche Steuern aufbürdete. So kam es von selber, daß der Ansiedlung im Vorort häufig Schwierigkeiten aller Art durch Bauverbote, hohe Ansiedlungskosten usw. bereitet wurden. Diesen Zuständen hat der Artikel 3 des Wohnungsgesetzes ein Ende bereitet. Der Industriestadt ist es jetzt gesetzlich ermöglicht, billiges Bauland der Vororte mit dem nötigen Umland einzugemeinden und in der Hand gemeinnütziger Gesellschaften zu vereinigen, so daß sie den Einkommensverhältnissen angemessene Siedlungen im Flachbau darauf anlegen oder fördern kann. Straßenbahnen oder in Großstädten sogar Schnellbahnen können erbaut werden, um das Hindernis der weiten Arbeitswege zu beseitigen und die arbeitenden Massen auf das Land hinauszuziehen.

Die im Interesse der Volksgesundung so erwünschte Einwurzelung der Arbeiterfamilie auf der eigenen Scholle kann im Großen erreicht werden und damit endlich das Ideal der Volksfreunde, die Gartenstadt, Wirklichkeit werden. Es ist zu hoffen, daß von diesen neuen, durch das Wohnungsgesetz geschaffenen Möglichkeiten in größtem Maße Gebrauch gemacht wird, und daß baldigst die gutgeleiteten Industriestädte mit weitsichtiger Tat auf diesem Gebiet vorangehen.

Artikel 4 enthält eine Reihe von modernen baupolizeilichen Vorschriften.

§ 1 erklärt die Gemeinden für zuständig zum Erlaß von Bauordnungen mit *Abstufung* der Ausnutzbarkeit *nach Bauklassen* und mit der ausschließlichen *Vorschrift des Flachbaues* (Erdgeschoß und *ein* Obergeschoß) für alles Gelände außerhalb des Bebauungsplanes. Er überträgt ferner den Gemeinden das Recht des baupolizeilichen *Ausschlusses* sogenannter *lästiger gewerblicher Anlagen* aus bestimmten Ortsteilen, Straßen und Plätzen und regt die Schaffung besonderer *Wohnviertel* und *Industrieviertel* an. Wenn auch schon viele Gemeinden unter dem Einfluß guter Stadterweiterungspläne von selber diese Vorschriften für ihr Gebiet eingeführt hatten, so wird durch diese Bestimmungen des Wohnungsgesetzes doch jede Gemeinde veranlaßt werden, bei einer demnächstigen Revision ihrer Bauordnung und ihres Bebauungsplanes erneut ihre Aufmerksamkeit diesen Dingen zuzuwenden oder, wo es bisher noch nicht geschehen war, von ihnen jetzt Gebrauch zu machen, da die Zuständigkeit jetzt außer Zweifel gestellt ist. Dadurch wird für die zukünftige Entwicklung eine wesentliche Herabsetzung der Wohndichtigkeit, also eine fühlbare Verbesserung der Wohnweise erreicht werden.

Außerdem weist der § 1 die Gemeinden auf den baupolizeilichen *Erlaß von Vorschriften über die äußere Gestaltung* (Verputz, Anstrich, Ausfugen) von Wohngebäuden und aller von öffentlichen Verkehrsflächen aus sichtbaren Bauten, sowie überhaupt auf die *einheitliche Gestaltung des Straßenbildes* im Sinne der Heimatschutzbestrebungen hin. Während also das sogenannte Verunstaltungsgesetz vom 15. Juli 1907 auf diesem Gebiete nur negative ortsgesetzliche Bestimmungen über die Versagung der Bauerlaubnis in Fällen drohender Verunstaltung ermöglichte, leistet das Wohnungsgesetz hierzu eine weitergehende positive Arbeit, indem es unmittelbare künstlerische Anforderungen an zukünftige Bauten für zulässig erklärt. Demselben Zweck dient auch die Ermächtigung zur Anforderung von Bauzeichnungen für *alle* Außenseiten von Wohngebäuden. Im Sinne der Weiterbildung des Baurechtes ist zu erhoffen, daß eine spätere, eingangs geforderte Zusammenfassung aller Einzelgesetze zu einem einheitlichen Baurecht die Gemeinden zum Erlaß dieser Vorschriften des § 1 zwingt, statt sie dazu zu ermächtigen. Denn nur auf diese Weise wird man ganze Arbeit tun, weil man widerstrebende Einflüsse im Sinne eines gesunden Fortschrittes beseitigt.

Ebenso überläßt der § 1 den Gemeinden die Regelung der Frage, inwieweit *Gartenhäuschen (Lauben) nicht* als *Wohngebäude* im Sinne der Ansiedlungsgesetze und des § 12 des Fluchtliniengesetzes (ortsgesetzliches Bauverbot für Wohnhäuser an unfertigen Straßen) anzusehen sind. Das Gesetz will auf diesem Wege die sogenannten *Laubenkolonien* zum Wohle der Großstädter fördern, da man ganz besonders durch den Krieg zur Einsicht der gewaltigen seelischen und materiellen Vorteile gut angelegter Schrebergartenkolonien gelangt ist.

§ 2 verlangt von den Gemeinden den Erlaß *unterschiedlicher Vorschriften über die Konstruktion und die Raumhöhen der Wohngebäude je nach ihrer Größe.* Bezirksbauordnungen, die für Gemeinden verschiedener Größe gültig sind, müssen in Zukunft hinsichtlich der Gebäudehöhe, der bebaubaren Fläche und der Geschoßzahl entsprechende Unterschiede für die einzelnen Gemeinden unter Berücksichtigung ihrer besonderen Verhältnisse machen.

Was hier für die Bezirksordnungen vorgeschrieben ist, müßte ebenso zwingend auch für die Bauordnungen großer Gemeinden gelten, da sie in ihrer Gemarkung dieselben Unterschiede zeigen, wie die größeren Bezirke. Diesem Verlangen ist inzwischen aus der mit Beendigung des Krieges überall hervortretenden Wohnungsnot heraus durch die baupolizeilichen Ministerialbestimmungen über Erleichterungen für den Kleinwohnungsbau vom 24. Februar 1918 und für das Mittelhaus vom 10. Februar 1919 Rechnung getragen worden.

§ 3 verlangt eine Bauordnungsvorschrift über die *Verhinderung freistehender Brandgiebel in Bezirken der offenen Bauweise* und gibt damit wiederum eine über den Inhalt des Verunstaltungsgesetzes hinausgehende positive Anweisung zum Schutze des Ortsbildes.

§ 4 verlangt, wo die Verhältnisse es nötig machen, abgestufte Anforderungen an die Straßenanlage hinsichtlich der Breite und der Ausführungsart, so daß *Haupt- und Nebenverkehrsstraßen, Wohnstraßen und Wohnwege* in Zukunft unterschieden werden sollen, um der wirtschaftlich unhaltbaren Verschwendung kostspielig gebauter und viel zu breiter Straßenkörper für Wohnviertel vorzubeugen. Er gibt in Ergänzung dieser Bestimmung den Gemeinden auch das Recht, den Fuhrwerksverkehr in Wohnstraßen und Wohnwegen zu beschränken, um auf diese Weise die verbilligten Straßenbauten auf die Dauer für die Gemeinden wirtschaftlich zu ermöglichen, einer zu schnellen Abnutzung vorzubeugen und das Wohnen in den besonderen Wohnvierteln durch Ausschaltung des schweren Verkehrs angenehmer zu gestalten.

Artikel 5, 6 und 7 des Wohnungsgesetzes behandeln das Thema der *Wohnungsordnung und Wohnungsaufsicht.* Sie betreten damit ein für Preußen gesetzgeberisch neues Gebiet, das allerdings in anderen Bundesstaaten schon seit Jahren, so in der badischen Landesbauordnung seit dem 1. September 1907 geregelt ist. Auch in Preußen hat man sich unter dem Einfluß der wachsenden sozialen Erkenntnis schon lange in vielen Städten bemüht, die Benutzung der Wohnungen, namentlich der Minderbemittelten der gemeindlichen Fürsorgetätigkeit zu unterstellen. Aber mangels einer starken gesetzlichen Grundlage fehlte es diesen Bestrebungen meistens an der nötigen inneren Kraft, um im großen segensreich wirken zu können. Man ist allmählich zu der Überzeugung gekommen, daß die Wohnungen der Minderbemittelten nicht allein gut und zweckentsprechend gebaut, sondern vor allem auch vernünftig benutzt werden müssen, daß also nicht nur die Aufsicht über die Bautätigkeit, sondern vor allem die ständige Fühlung mit den Verbrauchern, den wohnenden Massen selbst nötig ist. Es muß dem Übel der Überbelegung kleiner Wohnungen durch Familien mit großer Kopfzahl und namentlich dem Schlafstellenunwesen energisch zu Leibe gegangen werden, um die drohende Gefahr der sittlichen Verrohung des Volkes an der Wurzel zu bekämpfen. Die statistischen Aufzeichnungen über die Wohnungsdichtigkeit in Großstädten, besonders in Berlin, sprechen nach dieser Richtung eine furchtbare, beredte, anklagende Sprache. Und deshalb ist es nötig, neben allen Erleichterungen des Wohnungsbaues für Minderbemittelte, die der weiteren Verteuerung des Wohnens vorbeugen sollen, nun auch endlich gewisse allgemeine Regeln über eine vernünftige Verwendung der Wohnungen aufzustellen. Dem dienen die Artikel 5—7 des Wohnungsgesetzes, indem sie den *Erlaß von Wohnungsordnungen* in Gemeinden mit mehr als 10000 Einwohnern im Wege der Polizeiverordnung und die *Schaffung von Wohnungsämtern* zur Ausübung der Wohnungsaufsicht in Gemeinden über 100000 Einwohner fordern, in kleineren Gemeinden dem Ermessen der Aufsichtsbehörden die nötigen Anordnungen überlassen. Grundsätzlich müssen die Wohnungsordnungen verlangen, daß nur solche Räume bewohnt werden, die zum dauernden Aufenthalt von Menschen baupolizeilich genehmigt sind. Darüber hinaus sollen die Wohnungsordnungen in Gemeinden über 10000 Einwohner alle übrigen Fragen der Wohnungsfürsorge, betreffend die bauliche Beschaffenheit und Instandhaltung der Wohn- und Schlafräume, die Zugänge und gemeinsamen Räume, die Trennung der Familienwohnungen voneinander, die Aborte und Küchen, die Höchstbelegung, die Räume für Dienstboten, Arbeits- und Gewerbegehilfen usw., die Untervermietung, das Schlafstellen- und Kostgängerwesen, die Anzeigen und Aushänge usw. eingehend regeln. Die Wohnungsämter sind verpflichtet, die Innehaltung der Vorschriften der Wohnungsordnung dauernd zu überwachen und für Beseitigung von Mißständen zu sorgen. Ihre Tätigkeit soll nicht eine polizeilich bevormundende und anweisende Form haben, sondern in erster Linie durch Rat, Belehrung und Mahnung das Ziel zu erreichen suchen. Erst bei völligem Versagen aller gütlichen Mittel ist der Gemeindevorstand berechtigt, die erforderlichen Anordnungen zur Beseitigung vorgefundener Mißstände zu treffen. Zweifellos entspricht diese Art der geschäftlichen Erledigung der Auffassung der heutigen Zeit, und ein verständiger Wohnungsaufsichtsbeamter wird sein schweres Amt in den meisten Fällen sich damit selber nur erleichtern und gerade deshalb zum Ziele kommen. Auch hier, wie vielfach auf anderen Gebieten des öffentlichen Lebens, wird der Hauptwert auf die Heranziehung geeigneter, sozial geschulter Persönlichkeiten gelegt werden müssen, da die meisten notwendigen Anordnungen empfindlich in die Gewohnheiten der Familien eingreifen.

Artikel 7 umgrenzt den Bereich der Wohnungsordnungen und der Wohnungsaufsicht nach der *Größe der Wohnungen* (*4 Räume und weniger*) und nach der Lage derselben (z. B. *alle* Wohnungen im *Keller* oder nur teilweise ausgebauten *Dachgeschoß*) und nach der *Benutzung* (Dienstboten, Lehrlinge, Untermieter, Schlafgänger, Ledigenheime, Arbeiterlogierhäuser usw.). Eigenwohnungen in Einfamilienhäusern werden im allgemeinen ausgenommen.

Artikel 8 des Wohnungsgesetzes stellt *20 Millionen Mark* zur Förderung der gemeinnützigen Bautätigkeit als *Stammanteil* des Staates zur Beteiligung an Bauvereinigungen zur Verfügung und steht deshalb in gleicher Linie mit dem sogenannten Bürgschaftssicherungsgesetz und ähnlichen staatlichen Maßnahmen zur Belebung der gemeinnützigen Bauarbeit.

Um auch die vielen technischen Einzelvorschriften einer städtischen Bauordnung kennen zu lernen, sei hier ein Auszug aus der Münchner Bauordnung wiedergegeben, der durch einige Anmerkungen über die Vorschriften von Stuttgart und Köln ergänzt wird.

Die Bauordnung der Stadt München vom 29. Juli 1895

(herausgegeben von Max Schneider, J. Lindenersche Buchhandlung in München 1911) fordert im ersten Abschnitt § 1—9 die Planung und Festsetzung von Baufluchtlinien und läßt dabei der Schaffung vorderer, seitlicher und rückwärtiger Bebauungsgrenzen volle Freiheit, so daß also die schematische Gebäudestellung in einer Linie und die Verbauung des Blockinneren durch einen entsprechenden Bebauungsplan verhindert werden können. Die sonstigen Bestimmungen über Einhaltung der Baufluchtlinien, Vorsprünge von Bauteilen usw. sind die üblichen.

Der zweite Abschnitt schreibt in den § 10—15 die Genehmigungspflicht für Neubauten, Hauptreparaturen und Hauptänderungen vor, während zu geringfügigen Arbeiten eine einfache Bauanzeige erforderlich ist und bei Staatsbauten nur die Innehaltung der Baulinien und die Beachtung der Baupolizeivorschriften verlangt wird.

Der dritte Abschnitt faßt in den § 16—75 eine große Zahl von Einzelvorschriften über die Bauausführung zusammen, die im allgemeinen den auch in anderen Staaten üblichen entsprechen. Außerdem bestehen eine Reihe von Sondervorschriften über den Straßenverkehr, den Bauarbeiterschutz, die Gerüstherstellung, die Ausführung von Abbruchsarbeiten, die Zulassung von Ersatzbauweisen und Sonderkonstruktionen, die Industriebauten, Versammlungsräume, Theater, die architektonische Behandlung der Neubauten usw. Die baulichen Anforderungen an die Gebäude sind dieselben, wie in allen älteren Bauordnungen, wenn sie auch bei dem Flachbau schon einige Erleichterungen zulassen, so z. B. 25 cm starke Außenwände bei Erdgeschoßbauten oder gleich starke im 1. Stockwerk von einstöckigen Häusern, 12 cm dicke, balkentragende Innenwände bis 5 m Balkenlänge in einstöckigen Häusern usw. Die allgemeine Forderung frostfreier, 1 m tiefer Gründung aller Mauern geht nach den heutigen Anschauungen über das Notwendige hinaus. Ebenso wäre eine Milderung der Vorschrift über die 30 cm über Dach zu führenden Brandmauern bei dreistöckigen Häusern aus städtebaulichen Gründen erwünscht. Während für alle Privatbauten eine Mindesthöhe von 12 m und eine größte Höhe von 22 m bei Innehaltung einer Höhe gleich der Straßenbreite vorgeschrieben ist, besteht für Monumentalbauten kein Zwang in bezug auf die Höhenabmessung, so daß für diese nur allgemeine städtebauliche Rücksichten maßgebend sind. Die spekulative Ausnutzung der Hinterfronten wird dadurch gemildert, daß sie nicht höher als die Vorderansicht sein dürfen. Die Geschoßzahl, welche im übrigen durch die besondere Staffelbauordnung geregelt wird, ist im Höchstfalle auf fünf Geschosse einschließlich des Erdgeschosses, etwaiger Zwischengeschosse und des ausgebauten Dachgeschosses beschränkt, während Rückgebäude höchstens vier Geschosse haben dürfen. Abweichend von den übrigen Bauordnungen schreibt die Münchener einen feuersicheren Belag der Dachbalkenlage unter dem Dachgeschoß für Wohnhäuser mit mehr als zwei Obergeschossen vor. Diese zur Erhöhung der Feuersicherheit ergangene Anordnung verteuert den Wohnbau und erschwert dadurch das Bauen, so daß die Streichung dieser Sondervorschrift vom 3. August 1910 erwünscht ist. Auch die geforderte Mindesthöhe von 2,6 m i. L. für Wohn- und Arbeitsräume müßte nach den heutigen Anschauungen auf 2,5 m für alle Hauptgeschosse und 2,25 m für Dachgeschosse zur Förderung des Kleinhausbaues herabgesetzt werden. Aus denselben Gründen wäre von der allgemeinen Vorschrift der 25 cm starken Treppenhauswände dort Abstand zu nehmen, wo sie nicht aus statischen Gründen berechtigt ist. Für die Bauart der Treppen sind dem Kleinhausbau Erleichterungen zugestanden, wenn auch die Mindestbreite von 1,0 m in kleinen Einfamilienhäusern zu groß erscheint. Indessen ist durch die neue Verordnung vom 3. August 1910 der Baupolizei die Möglichkeit zu Vereinfachungen in derartigen Häusern gegeben, so daß bei vernünftiger Handhabung dieser Ermächtigung in der Praxis dasselbe erreicht werden kann, was im preußischen Wohnungsgesetz vorgeschrieben wird. Kellerwohnungen sind im allgemeinen nicht erlaubt, indessen kann außerhalb des Überschwemmungsgebietes je eine Hausmeisterwohnung in jedem Wohnhause zugelassen werden. Der Fußboden derselben darf höchstens 1,20 m unter dem umgebenden Erdreich liegen, die Räume müssen 2,75 m i. L. hoch und durch große Fenster reichlich belichtet sein, die in Haupträumen nur nach Südwesten bis Südosten liegen dürfen. Ebenso muß vor den Räumen ein 0,50 m breiter, durchgehender Luftgraben liegen. Man hat also die üblen Kellerwohnungen aus wirtschaftlichen Gründen nicht ganz abschaffen, aber sie wenigstens gesundheitlich möglichst ungefährlich gestalten wollen. Trotzdem wäre ihre gänzliche Beseitigung zu erstreben, wenn die Bauordnung ihre soziale Aufgabe erfüllen will.

Die in den meisten älteren Bauordnungen vorhandene schematische Vorschrift des Höchstabstandes von 30 m für innere Brandmauern besteht in München nicht, wenn auch solche feuersicheren Abteilungen in großen Wohn-, Fabrik- und Lagerhäusern vorgesehen sind. Es kann also auf die Benutzung der Räume bei Anordnung der Brandmauern die gebührende Rücksicht genommen werden.

§ 17 ist der architektonischen Ausbildung der Gebäudeansichten gewidmet. Reiner, weißer Kalkanstrich oder grelle Farbenanstriche sind verboten, ebenso sollen einzelne Teile von Gebäuden oder zusammenhängenden Gruppen nicht verschieden angestrichen werden. Den Anforderungen der Ästhetik ist bei allen Neubauten und Hauptreparaturen an den Straßenseiten zu genügen. Aufgelöste Ladenfassaden unter massiven Oberwänden sollen möglichst durch horizontale Abtrennung von den oberen Teilen durch stark hervortretende Gliederungen und durch energische Betonung des tragenden Charakters der Stützen harmonischer gestaltet werden. Weitere Angaben über eine gute architektonisch und städtebaulich befriedigende Behandlung der Neubauten sind in einer besonderen ortspolizeilichen Vorschrift vom 17. Juli 1909 betreffend Denkmalspflege und Stadtverschönerung enthalten. Die Kunststadt München hat also nach dieser Richtung schon verhältnismäßig früh der Bauordnung einen modernen Charakter gegeben.

In bezug auf die Freihaltung der Höfe hat man versucht, mit den üblichen Abstandsbestimmungen und der allgemeinen Forderung einer Freifläche von einem Drittel des Grundstücks auszukommen. Der Mindestabstand fensterloser Wände ist 3,5 m, der Abstand von Vorderhaus und Flügelbauten mit Fenstern soll mindestens 7 m sein. Rückgebäude müssen von Vorderhäusern, Flügelbauten und anderen Rückgebäuden mindestens einen Abstand gleich ihrer mittleren Höhe haben. Durch alle diese Bestimmungen soll ein möglichst günstiger Lichteinfall gesichert werden, ohne daß die radikale Forderung einer 45 ^{0} Belichtung gestellt ist. Die Hofgröße kann bei alten Grundstücken mit kleineren Höfen als $^1/_3$ des Grundstückes bei neuer Überbauung bis zu $\frac{1}{4}$ sinken. Ebenso dürfen geringfügige Bauten bis 4 m Höhe bis $\frac{1}{4}$ des notwendigen Hofes überbauen. Lichthöfe für Wohnräume müssen für Häuser von Erdgeschoß bis zu fünf Stockwerken 16—64 qm groß sein, während für Lichtschächte 4—12 qm verlangt werden. Zu Hofräumen mit Flügelbauten usw. müssen Zufahrten von 2,4 m Breite und 2,7 m Höhe führen.

Der vierte Abschnitt regelt in den §§ 76—96 die Zuständigkeit der Behörden und die Einzelheiten des Verfahrens. Bei Auflegung neuer Fluchtlinienpläne sind alle beteiligten Grundbesitzer zu benachrichtigen und zu hören. Ebenso sind einzureichende Baugesuche von den Nachbarn mit zu unterzeichnen, um ihr Einverständnis klarzustellen. Durch beide Vorschriften wird im Gegensatz zu dem in Preußen üblichen Verfahren, wonach Fluchtlinienpläne nur öffentlich bekanntgemacht und ausgelegt und Baugesuche überhaupt nur zwischen dem Bauherrn und der Baupolizei verhandelt werden, eine friedliche Verständigung aller Beteiligten angestrebt.

Auf alle Fälle wird dadurch den sonst so oft vorkommenden unliebsamen Überraschungen vorgebeugt und jedem Beteiligten *rechtzeitig* die Möglichkeit geboten, seine Rechte in allen Instanzen zu vertreten. Dem hierdurch gestärkten Sicherheitsgefühl gegenüber, das zweifellos zur Beseitigung des sonst vorhandenen Mißtrauens gegen die Behörden beiträgt, treten die kleinen Übelstände des Verfahrens: Verlangsamung, schwierige Verhandlungen, Abänderung der Pläne usw. in den Hintergrund, so daß alle neueren Baugesetze sich auf diesen Standpunkt stellen sollten.

Für Neubauten besteht auch in München ein grundsätzliches Bauverbot an unfertigen Straßen, das erst aufgehoben wird, wenn die Straßenherstellung in allen Teilen erledigt oder durch Zahlung der Kosten usw. gesichert ist.

Ist die Straße schon von der Stadt oder einem Dritten erbaut, so kann die Bauerlaubnis bis zur Zahlung des Anliegerbeitrages verweigert werden. Bei Kleinwohnungen bis 70 qm Fläche mit höchstens vier Haupträumen können mit Einverständnis des Magistrats Erleichterungen vom Bauverbot und der Zahlungspflicht eintreten. Leider sind drei solcher Wohnungen in jedem Stockwerk an einer Treppe zugelassen, so daß mindestens eine keine Querlüftung hat.

Bei der Überwachung der Bauausführung hat die Lokalbaukommission Aufseher aus dem Arbeiterstande zu verwenden, die vom Magistrat angestellt und verpflichtet werden.

Für die Prüfung der Baugesuche, Überwachung der Bauten und das Verfahren bei der Fluchtlinienfestsetzung hat der Antragsteller Gebühren nach einer besonderen Ordnung zu entrichten.

Die wichtigste Ergänzung der Münchener Stadtbauordnung ist aber die sogenannte Staffelbauordnung vom 20. April 1904, welche als ortspolizeiliche Vorschrift der Lokalbaukommission erlassen ist.

Sie bestimmt, daß das Stadtgebiet München nach Maßgabe des Staffelbauplanes vom Dezember 1902 entweder nach dem geschlossenen oder dem offenen Bausystem bebaut wird, und daß die Dichtigkeit der Bebauung nach neun Baustaffeln abgestuft wird, die in dem amtlichen Straßenverzeichnis örtlich festgelegt sind.

Im geschlossenen Bausystem gelten fünf, in dem offenen vier Baustaffeln. Außerdem sind für einzelne örtlich abgegrenzte Teile des Stadtgebietes weitergehende Beschränkungen festgesetzt und besondere Bauvorschriften erlassen, während für andere, als Industrieviertel bezeichnete den gewerblichen Bauten Erleichterungen gewährt werden können. In den Staffeln 5 der geschlossenen und 8 und 9 der offenen Bauweise ist die Errichtung von Anlagen nach § 16 und 27 der Reichsgewerbeordnung und anderer belästigender Betriebe verboten.

Die hauptsächlichsten Bestimmungen der Staffelung gehen aus der folgenden Tabelle (S. 131) hervor.

Außer in Staffel 1 werden Vordergebäude und Flügelbauten, soweit sie eine Tiefe von 22 m von der Baulinie überschreiten, in jeder Beziehung als Rückgebäude behandelt.

Über der nach der Staffel zulässigen Stockwerkszahl darf, außer in Staffel 1, das Dachgeschoß nur zur Hälfte der Dachbodenfläche ausgebaut werden. Das Treppenhaus wird hierbei nicht in Rechnung gezogen.

Im ganzen genommen, atmet die Münchener Bauordnung entsprechend dem demokratischeren süddeutschen Charakter des Landes einen freiheitlichen Geist und drängt die polizeiliche scharfe Begrenzung und Bevormundung im Gegensatz zu den norddeutschen Ordnungen etwas mehr in den Hintergrund. Auch die ästhetischen und die sozialen Forderungen der Gegenwart sind in dem Wortlaut von 1895 und seinen Nachträgen bis 1910 zur Geltung gebracht worden. Aber es läßt sich doch nicht verkennen, daß auch sie heute in vielen Punkten nicht mehr zeitgemäß ist, da sich die Anschauungen auf allen Gebieten des Bauens außerordentlich gewandelt haben. Auch ihr ist eine baldige Neubearbeitung zu wünschen, wenn nicht demnächst durch ein Reichsrahmengesetz allgemeine moderne Vorschriften erlassen werden.

Bauordnung der Stadt Stuttgart.

Die neue Ortsbausatzung für Stuttgart (1913) teilt das Stadtgebiet in drei Zonen ein.

Übersicht der Baustaffeln:

Staffel	Bauweise	Vordergebäude	Rückgebäude	Hofraum	Gruppenlänge höchstens	Pavillon-Zwischenraum mindestens
1	geschlossen	Erdgeschoß u. 4 Stockwerke nach d. Münch. Bauordnung	Erdgeschoß u. 3 Stockwerke nach d. Münch. Bauordnung	nach der Münch. Bauordnung	—	—
2	„	Erdgeschoß u. 3 Stockwerke bis 18 m Höhe	Erdgeschoß u. 3 Stockwerke bis 18 m Höhe	⅓ Hoffläche	—	—
3	„	Erdgeschoß u. 3 Stockwerke bis 18 m Höhe	Erdgeschoß u. 1 Stockwerk bis 12 m Höhe	⅓ Hoffläche	—	—
4	„	Erdgeschoß u. 2 Stockwerke bis 15 m Höhe	Erdgeschoß u. 1 Stockwerk bis 12 m Höhe	⅓ Hoffläche	—	—
5	„	Erdgeschoß u. 1 Stockwerk bis 12 m Höhe	Erdgeschoß bis 9 m Höhe u. ohne selbständige Mietwohnungen	⅓ Hoffläche	—	—
6	offen	Erdgeschoß u. 3 Stockwerke bis 20 m Höhe	Erdgeschoß u. 3 Stockwerke bis 20 m Höhe	⅓ Hoffläche Lichthöfe sind nicht gestattet	45 m	7 m
7	„	Erdgeschoß u. 3 Stockwerke bis 18 m Höhe	Erdgeschoß u. 1 Stockwerk bis 12 m Höhe	⅓ Hoffläche, Lichthöfe sind nicht gestattet	45 m	9 m
8	„	Erdgeschoß u. 2 Stockwerke bis 15 m Höhe	Erdgeschoß u. 1 Stockwerk bis 12 m Höhe	⅓ Hoffläche	36 m	10 m
9	„	Erdgeschoß u. 1 Stockwerk bis 12 m Höhe	Erdgeschoß bis 9 m Höhe u. ohne selbständige Mietwohnungen	½ Hoffläche	36 m	10 m

Die I. Zone umfaßt den Kern von Alt-Stuttgart und Cannstatt, die II. Zone einen breiten Ring um die beiden I. Zonen und die III. Zone das ganze übrige Bauland. Die als Zonengrenzen dienenden Straßen und Plätze werden mit allen Seiten der nach innen liegenden Zone, also der dichter und höher zu bebauenden zugerechnet, indessen sind für einige besondere Straßen Ausnahmen gemacht.

Die *höchste Gebäudehöhe* beträgt *20 m*, im übrigen dürfen die Haushöhen im Gebiet der I. und II. Zone die Straßenbreite um 2 m überschreiten. Im Gebiet der I. Zone ist bei Erneuerung höherer Gebäude auf der alten Grundfläche die bisherige Höhe wieder zugelassen. Bei öffentlichen Gebäuden und bei architektonisch besonders ausgebildeten Privathäusern sind größere Höhen möglich, als sonst an der betreffenden Stelle vorgeschrieben.

In der I. Zone ist die Stockwerkszahl innerhalb der erlaubten Höhe unbeschränkt, in der II. Zone dürfen Wohngebäude nur vier Stockwerke, in der III. Zone nur drei und an 11 m oder weniger breiten Straßen nur zwei Stockwerke erhalten.

An bestimmten Straßen, die besonders aufgeführt sind, können in der II. Zone fünf und in der III. Zone vier Stockwerke erbaut werden. In der III. Zone werden außerdem noch besondere Gebiete als Wohnviertel und Kleinhausviertel und andere als Landhausviertel bezeichnet. Im Wohnviertel sind an Straßen von 11—14 m Breite drei Stockwerke nur dann zulässig, wenn die Höhe des Untergeschosses nur 1 m beträgt und im Dachgeschoß weder Kniestockswände (Drempel) von mehr als 1 m Höhe oder Aufbauten angebracht noch Wohnräume eingerichtet werden.

Im Landhausviertel sind nicht mehr als zwei Stockwerke erlaubt. Hintergebäude dürfen nicht mehr Stockwerke als für die zugehörigen Vordergebäude zulässig, höchstens aber drei Stockwerke erhalten. Im Wohnviertel sind Wohnhintergebäude auf zwei Stockwerke beschränkt. Außerdem wird zwischen geschlossener und offener Bauweise unterschieden, deren Gebiete besonders festgelegt sind. Die Gebäudeabstände für die offene Bauweise betragen bei zweistöckigen Gebäuden mindestens 5 m, bei dreistöckigen mindestens 7 m, indessen sind teilweise noch größere von 10, 14, 20 und 25 m vorgeschrieben, z. B. im Landhausviertel mindestens 10 m.

Die Länge der Gebäudegruppen ist bei entsprechend gesteigerten Abständen auf 80 m, im Landhausviertel für höchstens zwei Einfamilienhäuser auf 30 m beschränkt. Die Tiefe der Hofräume ist für die Gebiete der

I. Zone auf $^2/_{10}$ der Höhe der Gebäuderückseite,

II. Zone auf $^3/_{10}$ bei Grenzbebauung auf $^6/_{10}$

III. Zone auf $^5/_{10}$ bei offener Bauweise und auf $^6/_{10}$ bei geschlossener Bauweise festgesetzt. In der I. und II. Zone sind unter besonderen Voraussetzungen Ermäßigungen der Hoftiefen bis $^3/_{10}$ der Normalmaße zulässig.

Für den Abstand der Hintergebäude von den Vorderhäusern sind ebenfalls in den einzelnen Bauzonen abgestufte Vorschriften erlassen. (8 m I. und II. Zone, halbe Höhe von Vorder- und Hinterhaus in der III. Zone, 40 m im Landhausviertel.)

Im Wohnviertel ist der Neubau oder wesentliche Erweiterung von Fabriken und Anlagen mit Dampfmaschinenbetrieb untersagt, wenn nicht durch besondere Vorkehrungen Sicherheit gegeben ist, daß erhebliche Nachteile, Gefahren oder Belästigungen der Nachbarschaft oder des Publikums überhaupt ausgeschlossen sind. Dasselbe gilt für eine große Zahl besonders benannter Gewerbebetriebe, die als die sogenannten lästigen Anlagen in anderen Bauordnungen bezeichnet sind.

Im Landhausviertel dürfen nur Wohngebäude mit den nötigen Nebenanlagen, außerdem Häuser zu Bildungs-, Erholungs- und Vergnügungszwecken erbaut werden.

Neben den für die ausschließlichen Wohnzwecke bestimmten Vierteln
sind noch einige sogenannte Industrieviertel ausgewiesen, für welche keine
Stockwerksbeschränkung besteht. Anlagen nach § 16 der Reichsgewerbeordnung sind nur in den Industrievierteln zulässig.

Außerhalb des geschlossenen Wohnbezirks oder des Ortsbauplanes dürfen
die Gebäude nicht mehr als zwei Stockwerke erhalten. Der Schutz des Orts-
bildes nimmt einen besonders breiten Raum in der Bauordnung ein, worüber
in dem Abschnitt Heimatschutz berichtet wird. Die übrigen Vorschriften
entsprechen den an anderen Stellen üblichen Bedingungen.

Bauordnung der Stadt Cöln.

Die Bauordnung für den Stadtkreis Cöln vom 8. August 1913 teilt das gesamte
Baugebiet in sechs Bauklassen ein, von denen ein Teil wieder in Unter-
klassen zerfällt. In Baublöcken, die von Straßen verschiedener Bauklassen
umschlossen sind, werden die den einzelnen Klassen zugeteilten Flächen
begrenzt von der Straßenfluchtlinie, der Blockmitte und den Halbierungs-
linien der Blockwinkel. Eckgrundstücke solcher Baublöcke gehören der
Klasse an, die nach Geschoßzahl oder Freifläche eine geringere Ausnutzung
des Grundstücks gestattet. Abweichungen für Eckgrundstücke sind nach
Ermessen der Polizei, für ganze Baublöcke mit Genehmigung des Regie-
rungspräsidenten unter bestimmten Voraussetzungen zulässig (siehe Tafeln
Seite 134 und 135).

Erker und Balkone sind nur in Straßen von 8 m Breite aufwärts in Höhe
von mindestens 3 m über dem Bürgersteig zulässig. Sie dürfen vorspringen

<pre>
        bei 8—10 m Straßenbreite bis 40 cm
        „   10—12 „   „   „   60 „
        „   12—14 „   „   „   80 „
        „   14—17 „   „   „ 100 „
        „   17—20 „   „   „ 110 „
        „   20 m und mehr „   „ 120 „ .
</pre>

Offene Vorbauten (Balkone) dürfen bei Straßen von 14 m Breite an um
je 10 cm weiter ausladen.

Balkone und Erker müssen um die 1½fache Ausladung von der Grenze
entfernt bleiben, können aber auch mit Einverständnis des Nachbars zur
Erzielung einer architektonischen Gruppe unmittelbar bis an die Grenze
gehen. Durch die ganze Bauordnung zieht der Gedanke des Heimatschutzes,
der in einer großen Menge von Einzelbestimmungen über Verhütung kahler
Brandgiebel, Zurücktreten hinter die Bauflucht, Anbringung von Reklamen,
Ausbildung des Vorgartens und seiner Einfriedigung, Ansicht von Erkern
und Balkonen, Äußeres der Gebäude, Verputz und Anstrich zum Ausdruck
kommt. Indessen soll man sich vor allzuweit gehender Detaillierung der-
artiger Bestimmungen hüten, da sonst dem freien künstlerischen Schaffen
unnötige Fesseln auferlegt werden und die Vorschriften leicht den Charakter
einer ungewollten Engherzigkeit annehmen können, wie dies z. B. in Cöln
bei den zu weit ins einzelne gehenden Bedingungen für Vorgärten und Ein-
friedigungen der Fall zu sein scheint. Aber eine großzügige Handhabung
der Bauordnung wird schließlich auch solche kleinen Mängel zu beheben
wissen und der Bauberatung die verständnisvolle Durchführung der Absichten überlassen.

Die Cölner Bauordnung hat unter § 12 B auch das System der rückwär-
tigen Baulinien zur Schaffung freier Innenräume und Innenspielplätze
sich zu eigen gemacht. In einer besonderen Anlage sind 63 Baublocks namhaft gemacht, für welche eine Bebauung nur bis 12, 16, 20, 25, 30 m Tiefe
von den Baufluchtlinien ab statthaft ist. Hiervon sind natürlich kleinere
Anlagen wie Pavillons, Gewächshäuser, Lauben usw. ausgenommen. Ebenso

Bauklassen

Bau-klasse	Bauweise	Geschoßzahl	zulässige Höchst-höhe	Freifläche. Die Freifläche für Eck-grundstücke berechnet sich nach § 12 A 6	
				in der Reihe	a. d Ecke für Winkel v. 125—135°
I a	geschlossen	Erd-, 3 Obergeschosse u. ausgebautes Dachgeschoß.	20,00	25 %	20 %
I b	,,		20,00	35 %	25 %
I c	,,		20,00	50 %	30 %
I d	,,		20,00	60 %	30 %
II a	geschlossen	Erd-, 2 Obergeschosse u. ausgebautes Dachgeschoß.	15,00	50 %	30 %
II b	,,		15,00	60 %	30 %
III a	geschlossen	Erd-, Obergeschoß u. aus-gebautes Dachgeschoß	12,5	60 %	30 %
III b	,,	Souterrain, Erd-, Oberge-schoß u. ausgebautes Dach-geschoß.	15,0	70 %	30 %
IV a	offen	Erd-, Obergeschoß u. aus-gebautes Dachgeschoß.	12,5	60 %	30 %
IV b	offen	Souterrain, Erd-, Oberge-schoß u. ausgebautes Dachgeschoß.	15,0	60 %	30 %
V a	Gruppen-bau	Erd-, Obergeschoß u. aus-gebautes Dachgeschoß.	12,5	50 %	30 %
V b	,,	do.	12,5	60 %	30 %
V c	,,	Souterrain, Erd-, Oberge-schoß u. ausgebautes Dach-geschoß.	15,0	60 %	30 %
VI	offen	Erd-, 2 Obergeschosse u. ausgebautes Dachgeschoß.	15,0	60 %	30 %

einteilung

Bauwich	zulässige Gruppierung	Bemerkungen
— — — —	— — —	Vorgarten bis 6 m Tiefe wird auf Freifläche nicht angerechnet.
— —	— —	do.
— —	—	Vorgarten bis 5 m Tiefe wird auf Freifläche nicht angerechnet.
$b = \dfrac{h+t+l}{8}$ mindestens 5 m $b = \dfrac{h+t+l}{8}$ mindestens 6 m	1. Einzelhäuser. 2. Doppelhäuser von zus. höchstens 30 m Länge. 3. Gruppen bis 4 Häuser von zus. höchstens 50 m Länge unter den in § 11, 4 Abs. 6 enthaltenen besonderen Bedingungen.	Vorgarten bis 5 m Tiefe u. Bauwich bis 5 m Breite bei a u. 6 m bei b auf Gebäudetiefe wird auf Freifläche nicht angerechnet.
$b = \dfrac{h+t+l}{8}$ mindestens 5 m $b = \dfrac{h+t+l}{8}$ mindestens 6 m	Gruppen bis 7 Häuser von zus. höchstens 70 m Länge.	Vorgarten bis 5 m Tiefe u. Bauwich bis 5 m Breite bei a und b u. 6 m bei c auf Gebäudetiefe wird auf Freifläche nicht angerechnet.
$b = \dfrac{h+t+l}{8}$ mindestens 6 m h = Höhe des an den Bauwich grenzenden Hauses bis Gesims oder Dachgeschoßfußboden. t = Gebäudetiefe. l = Länge der Baugruppe an der Straßenfront.	1. Einzelhäuser. 2. Doppelhäuser von zus. höchstens 45 m Länge.	do.

sind in geeigneten Fällen Abweichungen mit Genehmigung der Polizei möglich. Um aber die durch die hinteren Baulinien erreichten Innenfreiflächen
auch für die Allgemeinheit nutzbar zu machen, räumt die Bauordnung den
Grundbesitzern das Recht einer fünfprozentigen weiteren Überbauung ihrer
Grundstücke ein, wenn sie mindestens 5 % ihrer Fläche zur Schaffung eines
inneren Spielplatzes freigeben und diese Benutzung dauernd grundbuchlich
sichern. Der Gedanke ist ausgezeichnet und verdient möglichste Verbrei-
tung, da auf diese Weise wesentlich besser für die heranwachsende Jugend
gesorgt werden kann, als durch öffentliche Schmuckplätze und Promenaden.

In gewissen Bezirken der Stadt sind, wie in den meisten anderen Städten,
lästige Gewerbeanlagen verboten, um den Charakter des Wohnviertels zu
verstärken. In anderen besonders ausgewählten Industrievierteln kann
die Baupolizei für Gebäude des Handels und der Industrie hinsichtlich der
zulässigen Bebauung, der Gebäudehöhe, der Geschoßzahl und des Abstandes der Häuser Vergünstigungen über die sonstigen Bestimmungen
hinaus zulassen. Durch die vernünftige Handhabung beider Möglichkeiten,
sowohl der negativen Beeinflussung der Industrie in Wohnvierteln, wie der
positiven im Industrieviertel wird man allmählich, namentlich in stark
wachsenden Städten das Ideal der städtebaulichen Scheidung dieser Bau-
gebiete erreichen können.

Zur Förderung des Kleinwohnungsbaues sind eine große Reihe von Erleichterungen für den Bau von Kleinwohnungshäusern und Einfamilienhäusern vorgesehen, die sich auf die Mauerstärken, Treppenbreiten, Lichthöfe, Deckenkonstruktion, Bauwichbreite, Freifläche usw. beziehen. Diese
Bestimmungen sind als ein wertvoller Vorläufer der neueren preußischen
Bestimmungen über den Kleinwohnungsbau und die Mittelhäuser vom
10. Februar 1919 und 24. Februar 1918 zu betrachten, welche allerdings wesentlich tiefer auf den Gegenstand eingegangen sind und auch mehr als die Cölner
Verordnung den sozialen Sinn dieser Fürsorgetätigkeit erkennen lassen. Dabei muß aber darauf geachtet werden, daß die neue preußische Verordnung
erst durch die volksverheerenden Wirkungen des Weltkrieges, die Wohnungsnot und die Sterblichkeitszunahme veranlaßt ist, während die Cölner
Vorschrift vom Jahre 1913 im tiefsten Frieden eine weit vorausschauende
Wohnungspolitik zur allgemeinen Besserung der sozialen Verhältnisse treiben
wollte. Insofern gebührt ihr also ganz besondere Beachtung. In der Praxis
haben auch eine größere Zahl anderer Städte sich schon Jahre vor dem
Weltkriege auf den Standpunkt gestellt, daß man das Ziel der Wohnungs-
verbesserung der Minderbemittelten nicht durch starres Festhalten an Bau-
polizeibestimmungen für großstädtische Mietskasernen, sondern nur durch
Auflockerung der Vorschriften erreichen könne, und haben entsprechende
Erleichterungen schon gewährt.

Die übrigen Bestimmungen der Cölner Bauordnung bieten nichts Neues
gegenüber den üblichen Verordnungen anderer Städte. Sie verlangen auch
im allgemeinen den Antrag auf Bauerlaubnis und begnügen sich nur bei
geringfügigen Arbeiten und bei Bauten des Reiches oder Staates mit der
einfachen Bauanzeige. Sie bestimmen grundsätzlich während der Ausführungszeit eine sogenannte Grundabnahme zur Besichtigung des frei-
gelegten Baugrundes, eine Rohbauabnahme nach Fertigstellung des Roh-
baues und eine Gebrauchsabnahme nach vollständiger Ausführung aller
Arbeiten.

In der allgemeinen Übersicht über die Entwicklung der Baupolizei,
verordnungen wurde schon darauf hingewiesen, daß es ein Fehler war-
die für Großbauten in Berlin und anderen Großstädten brauchbaren
Vorschriften ohne Abänderung auf alle kleinen Städte und teilweise sogar auf das Land zu übertragen. Dadurch verteuerte man die Bauweise

in den Provinzstädten über Gebühr und erzwang schließlich, ohne es zu wollen, die Entstehung der Mietskaserne in *den* Orten, in welchen die Boden- und Baupreise noch den Kleinbau ermöglicht hätten. Den alleinigen Vorteil hatten die Grundbesitzer, deren Bauparzellen Werte erlangten, die ihnen bei der großen billigen Feldmark der kleinen Städte niemals zukamen. Und den Schaden hatten ausschließlich die Bewohner zu tragen, die dadurch zum Herdenwohnen in Steinkästen gezwungen wurden, während sie im Flachbau ein zufriedenes Dasein hätten führen können. Der Siegeszug der Mietskaserne von der Großstadt in die kleinen und kleinsten Städte vergrößerte und verschärfte täglich das soziale Elend, das mit der Industrialisierung unseres Volkes begonnen hatte. Erst allmählich dämmerte unseren Regierungen und allen an der Gesundung des Volkes arbeitenden Kreisen das Bewußtsein der Gemeinschädlichkeit des Großhauses und führte sie konsequent zu dem einzig brauchbaren Ausweg der Förderung des Flachbaues in allen Städten. Die Bauklasseneinteilung mit der Abstufung der Wohndichtigkeit vom Stadtkern nach den Außenvierteln war die erste Phase dieser Entwicklung. Wie wir gesehen haben, ist inzwischen dieser Gedanke in allen neueren Landes- und Stadtbauordnungen verwirklicht worden, so daß nunmehr wohl alle bedeutenderen Städte diese Vorschrift sich zu eigen gemacht haben. Aber die am Ende des Weltkrieges einsetzende Wohnungsnot hat noch eine weitere Erkenntnis reifen lassen, sie hat die Klarheit darüber geschaffen, daß auch die *baupolizeilichen* Anforderungen an den *Flachbau* anders sein müssen als an den Großbau. Unser früher so reiches Volk ist durch den unglücklichen Ausgang des Krieges so bettelarm geworden, daß niemand die bis heute betriebene Bauverschwendung mehr rechtfertigen kann. Die Verhältnisse fordern gebieterisch die Wiedereinführung der altbewährten Sparsamkeit unserer Vorfahren, die ihre Häuser einfacher, leichter und billiger zu erbauen wußten, als wir es in den letzten Jahrzehnten gelernt hatten. Die konstruktiven Anforderungen an die Mauerstärken, Balkenlagen, Treppen, Fundamente, Schornsteine usw., die Breite der Treppen, die Höhe der Räume, die Abführung der Abwässer und vieles andere aus den technischen Elementen der Bauordnung kann und muß mehr als bisher den Notwendigkeiten des *Kleinhauses* und besonders des *Flachbaues* angepaßt werden. Es kann in die noch nicht verseuchten kleinen Städte wieder der urdeutsche Charakter der gemütvollen kleinbürgerlichen Bauweise in neuzeitlichem Gewande einziehen. Die heimische Bauweise, die so lange aus ihnen durch den Spekulationsgeist verdrängt war, kann wieder wirkliches Heimatsrecht erwerben und damit ein Schritt von ungeheurer Tragweite im Sinne des praktischen Heimatschutzes getan werden. Denn wenn „Schön bauen" im Sinne der Väter erst wirklich wieder „Billig bauen" geworden ist, wird auch der Freude an der heimischen Baukunst wieder mehr und mehr praktisch Raum gegeben werden. Es gilt also jetzt mit allen Mitteln, den un-

heilvollen Götzen der großstädtischen Mietskaserne von seinem Throne
zu stürzen und dem Kleinhause wieder zu seinem angestammten Recht
zu verhelfen. Drei Gründe müssen dazu führen: die soziale Not des
Wohnungselends der Mietskaserne, die Armut des Volkes und der
Schönheitshunger der großen Massen.

In fast allen Bauordnungen sind verheißungsvolle Ansätze zu dieser
rettenden Tat zu finden. Die Bauklasseneinteilung, die fakultative Zulassung von baupolizeilichen konstruktiven Erleichterungen für Klein-
bauten und die Vorschriften über den Heimatschutz. Aber es ist nur
natürlich, daß sie alle nach dieser Richtung nur Anfänge, nur wenige
die starke vollbringende Tat erkennen lassen, da ihre Entstehungszeit
meistens um ein Jahrzehnt zurückliegt, mindestens aber vor dem Weltkriege gewesen ist. Die preußische Regierung hat als erste am Ende
des Weltkrieges durch den amtlich mit der Förderung des Wohnungs-
wesens betrauten Staatswohnungskommissar einen entscheidenden
Schritt in dieser Richtung getan, indem sie durch ihn besondere Vorschriften in Form einer Normalpolizeiverordnung für das Kleinwoh-
nungshaus und von Richtlinien über baupolizeiliche Erleichterungen
für Mittelhäuser erließ.

Wenn auch nicht erwartet werden kann, daß diese ersten detaillierten
Vorschriften gleich in allem das Richtige treffen und deshalb wohl mit
ihrem weiteren Ausbau und ihrer baldigen Neubearbeitung gerechnet
werden muß, so werden beide programmatischen Verordnungen doch
für eine Reihe von Jahren die Richtung unseres Wohnungsbaues beein-
flussen, so daß ihr Studium eine wertvolle Ergänzung der Kenntnis der
älteren Bauordnungen vermitteln kann. Aus diesem Grunde sind sie
im kurzen Auszuge hierunter angegeben.

Entwurf des preußischen Ministeriums der öffentlichen Arbeiten zur Sonderpolizeiverordnung für Kleinhäuser, vom 24. Februar 1918.

Als Kleinhäuser gelten nur solche, die nicht mehr als zwei Vollgeschosse
haben und in jedem Geschoß nur eine *geringe* Anzahl von Kleinwohnungen
enthalten, die nach Größe, Anordnung, Raumzahl, Raumhöhe und Ausstat-
tung den ortsüblichen Bedürfnissen der minderbemittelten Bevölkerung
entsprechen. Seitenflügel, Mittelflügel und Quergebäude sind ausgeschlossen,
Ställe, Schuppen, kleine Werkstätten usw. sind zulässig. Alle Kleinhäuser
müssen mindestens eine Freifläche von 200 qm zur Gartennützung haben,
wobei auf die Zahl der auf diese Fläche angewiesenen Wohnungen leider keine
Rücksicht genommen ist. Die Bauvorlagen sind in der üblichen Zahl und
Maßstab vorgeschrieben. Für die Gebrauchsabnahme ist der Nachweis der
Trockenheit unabhängig von Fristen ausreichend.

Für die Gründungsmauern wird nicht mehr frostfreie Tiefe, sondern nur
genügende Standsicherheit gefordert, innere Mauern können flacher als
äußere gegründet werden. Unterkellerung der Wohnräume ist nicht mehr
nötig. Bankette brauchen nicht verbreitert zu werden. Als lichte Höhen
genügen für Vorratskeller 1,5 m, für Wohnvollgeschosse 2,5 m, für Dach-
geschoßräume 2,2 m. Kellerdecken können aus Balken, Kellertreppen aus

lzernen Leiterstufen hergestellt werden. Für Außenwände ist ausgemauer-
; oder ausgestaktes Fachwerk mit oder ohne Wetterschutz zulässig, ebenso
nd Lehmstampfbau, Holzbohlwerk und andere ortsübliche Bauweisen
,rlaubt. Für balkentragende Innenwände und Treppenwände genügt aus-
·emauertes Fachwerk oder ½ Stein starke Wände mit gleichmäßiger Last-
,rteilung. Die Außenwände können 30 cm stark mit Luftschicht und
ußenputz, oder in mildem Klima auch 25 cm stark sein. Brandmauern
irauchen nicht über Dach geführt zu werden, sollen aber in Reihenhäusern
n Abständen von 40 m vorhanden sein. Gemeinschaftliche Brandmauern
ind gestattet, wobei allerdings beiderseitiger Verputz gefordert wird. Ställe
nit massiven Decken können unter Wohnräumen angelegt werden. Für
lie Deckenberechnung genügen 200 kg Eigenlast für Balkendecken und
150 kg Nutzlast. Sichtbare Holzbalkendecken sind ohne Verputz erlaubt.

Für die Dächer ist feuerfestes Material vorgeschrieben, indessen können
Nebengebäude nur feuersicher eingedeckt werden. Für Stroh, Rohr-, Reth-
und Schindeldächer wird ein Abstand von 10 m von der Grenze oder anderen Gebäuden verlangt. Mansarden dürfen nicht steiler als 60° geneigt
sein. Dachrinnen und Abfallrohre sind nur nach der Straße vorgeschrieben.

Waschküchen, Spülküchen, Badestuben und häusliche, nicht gewerbliche
Werkstätten gelten nicht als Räume zum dauernden Aufenthalt von Menschen.

Im Dachgeschoß darf nur die Hälfte als Wohnraum und dann auch nur
als Zubehör zu unteren Wohnungen, nicht als selbständige Wohnung ausgebaut werden. Über dem Kehlbalken dürfen Wohnräume nur in den drin-
gendsten Notfällen bei kinderreichen Familien gestattet werden. Für Treppen in Einfamilienhäusern werden überhaupt keine Vorschriften gemacht,
in Mehrfamilienhäusern gelten die üblichen Bedingungen bei 80 cm Breite
und . 20 25 cm Steigungsverhältnis.· Jeder zum dauernden oder vorüber-
gehenden Aufenthalt von Menschen bestimmte Raum muß ein unmittelbar
ins Freie gehendes, öffenbares Fenster haben. Für selbständige Wohnungen
wird Querdurchlüftung verlangt. Jede Wohnung soll einen eigenen, gut
entlüftbaren Abort haben.

Die Musterbestimmungen sollen den Ortsbehörden nur als Anhalt dienen
und sind daher sinngemäß zu ergänzen. Dies ist z. B. bei der Begriffsbestimmung nötig, um an Stelle der dehnbaren Vorschrift der „geringen Anzahl"
von Wohnungen in einem Geschoß die eindeutige Zahl 2 zu setzen, da schon
bei 3 mindestens *eine* nicht mehr unmittelbare Querlüftung zuläßt und da
bei 3 oder mehr schon eine zu weit gehende Übervölkerung der Häuser zum
Schaden der Wohnweise erreicht wird. Die Bevorzugung des Flachbaues
durch die Vorschrift ist zu begrüßen. Indessen ist die Bedingung einer
200 qm großen Gartenfläche ohne Rücksichtnahme auf die Zahl der Wohnungen viel zu schwächlich, da z. B. bei vier Wohnungen nur je 50 qm für
jede übrigbleiben. Die Vorschrift über den Ausbau des Dachgeschosses als
Zubehör der Unterwohnungen ist bei der jetzigen Wohnungsnot unhaltbar
und wird auch nicht mehr innegehalten. Die rein technischen Vorschriften
sind im allgemeinen zu begrüßen, wenn auch das Verlangen nach hartem
Dachmaterial zu weit geht, da Dachpappe ebenso gut ist. Die Abortvor-
schrift ist gut und sollte überall durchgeführt werden.

Auch für Mittelhäuser hat dasselbe Ministerium am 10. Februar 1919 Leit-
sätze für baupolizeiliche Erleichterungen herausgegeben, die beachtenswert
sind, weil sie die Baukosten in vernünftiger Weise herabmindern.

Als Mittelhäuser werden solche mit höchstens drei Vollgeschossen mit
Zubehörräumen der unteren Wohnungen im Dachgeschoß angesehen. Als
Höchstzahl der Wohnungen in einem Mittelhause sind sechs, also praktisch
je zwei in jedem Geschoß vorgesehen, wobei jedes Geschoß nicht mehr
als acht Wohnräume haben soll. Die lichten Geschoßhöhen sind etwas

reichlicher als bei dem Kleinhause mit 2,75 m im Erdgeschoß, 2,5 m in den Obergeschossen und 2,2 m im Dachgeschoß für die Zubehörräume, bemessen.

Für die aufgehenden Wände wird nicht ausschließlich massive Bauart vorgeschrieben, sondern auch mehrgeschossiges Fachwerk zugelassen. Trennungswände zwischen Reihenhäusern können $\frac{1}{2}$ Stein stark oder aus Fachwerk gebaut werden. Die Treppen sollen 0,90 m breit sein und eine höchste Steigung von 20/25 cm haben. Im Keller und Dachgeschoß genügen 0,70 m Breite und 45° Steigung.

Die Fensterfläche soll in den Hauptgeschossen mindestens $\frac{1}{10}$, im Dachgeschoß $\frac{1}{12}$ der Fußbodenfläche der Räume betragen. Die übrigen Vorschriften entsprechen im wesentlichen denen für Kleinhäuser, indessen wären die Mauerstärken noch teilweise zu ermäßigen.

Für beide Arten von Häusern müßte bei der großen Wohnungsnot, den riesenhaft gesteigerten Preisen und der großen Baustoffknappheit von den örtlichen Polizeiverwaltungen im Rahmen dieser Richtlinien und wo nötig darüber hinaus jede technisch vertretbare Erleichterung gewährt, aber dafür jede in sozialer und gesundheitlicher Hinsicht inzwischen als notwendig anerkannte Forderung (Aborte, Durchlüftung, selbständiger Wohnungsabschluß, Freifläche usw.) gestellt werden, um Geld zu sparen und die Wohnweise trotzdem möglichst zu verbessern. Dem Erfindergeist der Architekten und dem sozialen Verständnis der Gemeinden eröffnet sich hiermit ein weites und dankbares Betätigungsfeld. Die immer wieder auftauchenden Vorurteile gegen die Baupolizei überhaupt könnten bei weisem Vorgehen endlich beseitigt werden.

IV. Allgemeine Gesetze.

In der Baupraxis zeigt sich oft, daß die mit Bauausführungen betrauten Techniker die allgemeinen straf- und zivilrechtlichen Bestimmungen zu wenig kennen, so daß sie nicht immer das richtige Verständnis für ihre hohe Verantwortung besitzen. Deshalb ist es nötig, daß jeder sich mit den Hauptvorschriften des Reichsstrafgesetzbuches und des Bürgerlichen Gesetzbuches vertraut macht, um das rechte Augenmaß für seine Pflichten zu bekommen. Aus diesem Grunde werden einige der hauptsächlichsten Bestimmungen hier abgedruckt.

I. Bestimmungen des Reichsstrafgesetzbuches über die strafbare Verletzung baupolizeilicher und bautechnischer Vorschriften usw.

§ 222. Wer durch Fahrlässigkeit den Tod eines Menschen verursacht, wird mit Gefängnis bis zu drei Jahren bestraft. Wenn der Täter zu der Aufmerksamkeit, welche er aus den Augen setzte, vermöge seines Amtes, Berufes oder Gewerbes besonders verpflichtet war, so kann die Strafe bis auf fünf Jahre erhöht werden.

§ 230. Wer durch Fahrlässigkeit die Körperverletzung eines anderen verursacht, wird mit Geldstrafe bis zu zwei Jahren bestraft. War der Täter zu der Aufmerksamkeit, welche er aus den Augen setzte, vermöge seines Amtes, Berufes oder Gewerbes besonders verpflichtet, so kann die Strafe auf drei Jahre Gefängnis erhöht werden.

§ 230. Wer bei der Leitung oder Ausführung eines Baues wider die allgemein anerkannten Regeln der Baukunst dergestalt handelt, daß hieraus für andere Gefahr entsteht, wird mit Geldstrafe bis zu neunhundert Mark oder mit Gefängnis bis zu einem Jahre bestraft.

§ 367. Mit Geldstrafe bis zu 150 Mark oder mit Haft wird bestraft
12. wer auf öffentlichen Straßen, Wegen oder Plätzen, auf Höfen, in Häusern und überhaupt an Orten, an welchen Menschen verkehren, Brunnen, Keller, Gruben, Öffnungen oder Abhänge dergestalt unverdeckt oder unverwahrt läßt, daß daraus Gefahr für andere entstehen kann;
13. wer trotz der polizeilichen Aufforderung es unterläßt, Gebäude, welche dem Einsturz drohen, auszubessern oder niederzureißen;
14. wer Bauten oder Ausbesserungen von Gebäuden, Brunnen, Brücken, Schleusen oder anderen Bauwerken vornimmt, ohne die von der Polizei angeordneten oder sonst Sicherungsmaßregeln zu treffen;
15. wer als Bauherr, Baumeister oder Bauhandwerker einen Bau oder eine Ausbesserung, wozu · die polizeiliche Genehmigung erforderlich ist, ohne diese Genehmigung oder mit eigenmächtiger Abweichung von dem durch die Behörde genehmigten Bauplane ausführt oder ausführen läßt.
§ 368. Mit Geldstrafe bis zu 60 Mark oder mit Haft bis zu 14 Tagen wird bestraft:
3. wer ohne polizeiliche Erlaubnis eine neue Feuerstätte errichtet oder eine bereits vorhandene an einen anderen Ort verlegt;
4. wer es unterläßt, dafür zu sorgen, daß die Feuerstätten in seinem Hause in baulichem und brandsicherm Zustande unterhalten, oder daß die Schornsteine zur rechten Zeit gereinigt werden.

II. Bürgerliches Gesetzbuch.

§ 836. Wird durch den Einsturz eines Gebäudes oder eines anderen mit einem Grundstück verbundenen Werkes oder durch die Ablösung von Teilen des Gebäudes oder des Werkes ein Mensch getötet, der Körper oder Gesundheit eines Menschen verletzt oder eine Sache beschädigt, so ist der Besitzer des Grundstückes, sofern der Einsturz oder die Ablösung die Folge fehlerhafter Errichtung oder mangelhafter Unterhaltung ist, verpflichtet, dem Verletzten den daraus entstehenden Schaden zu ersetzen. Die Ersatzpflicht tritt nicht ein, wenn der Besitzer zum Zwecke der Abwendung der Gefahr die im Verkehr erforderliche Sorgfalt beobachtet hat.
Ein früherer Besitzer des Grundstückes ist für den Schaden verantwortlich, wenn der Einsturz oder die Ablösung innerhalb eines Jahres nach der Beendigung seines Besitzes eintritt, es sei denn, daß er während seines Besitzes die im Verkehr erforderliche Sorgfalt beobachtet hat oder ein späterer Besitzer durch Beobachtung dieser Sorgfalt die Gefahr hätte abwenden können. Besitzer im Sinne dieser Vorschriften ist der Eigenbesitzer.
§ 837. Besitzt jemand auf einem fremden Grundstück in Ausübung eines Rechtes ein Gebäude oder ein anderes Werk, so trifft ihn an Stelle des Besitzers des Grundstückes die im § 836 bestimmte Verantwortlichkeit.
§ 838. Wer die Unterhaltung eines Gebäudes oder eines mit einem Grundstücke verbundenen Werkes für den Besitzer übernimmt oder das Gebäude oder das Werk vermöge eines ihm zustehenden Nutzungsrechtes zu unterhalten hat, ist für den durch den Einsturz oder die Ablösung von Teilen verursachten Schaden in gleicher Weise verantwortlich wie der Besitzer.
§ 903. Der Eigentümer einer Sache kann, soweit nicht das Gesetz oder Rechte Dritter entgegenstehen, mit der Sache nach Belieben verfahren und andere von jeder Einwirkung ausschließen.
§ 904. Der Eigentümer einer Sache ist nicht berechtigt, die Einwirkung eines anderen auf die Sache zu verbieten, wenn die Einwirkung zur Abwendung einer gegenwärtigen Gefahr notwendig und der drohende Schaden gegenüber dem aus der Einwirkung dem Eigentümer entstehenden Schaden unverhältnismäßig groß ist. Der Eigentümer kann Ersatz des ihm entstehenden Schadens verlangen.

§ 905. Das Recht des Eigentümers eines Grundstückes erstreckt sich auf den Raum über der Oberfläche und auf den Erdkörper unter der Oberfläche. Der Eigentümer kann jedoch Einwirkungen nicht verbieten, die in solcher Höhe oder Tiefe vorgenommen werden, daß er an der Ausschließung kein Interesse hat.

§ 906. Der Eigentümer eines Grundstückes kann die Zuführung von Gasen, Dämpfen, Gerüchen, Rauch, Ruß, Wärme, Geräusch, Erschütterungen und ähnliche von einem anderen Grundstück ausgehende Einwirkungen insoweit nicht verbieten, als die Einwirkung die Benutzung seines Grundstückes nicht oder nur unwesentlich beeinträchtigt oder durch eine Benutzung des anderen Grundstückes herbeigeführt wird, die nach den örtlichen Verhältnissen bei Grundstücken dieser Lage gewöhnlich ist. Die Zuführung durch eine besondere Leitung ist unzulässig.

§ 907. Der Eigentümer eines Grundstückes kann verlangen, daß auf den Nachbargrundstücken nicht Anlagen hergestellt oder gehalten werden, von denen mit Sicherheit vorauszusehen ist, daß ihr Bestand oder ihre Benutzung eine unzulässige Einwirkung auf sein Grundstück zur Folge hat. Genügt eine Anlage den landesgesetzlichen Vorschriften, die einen bestimmten Abstand von der Grenze oder sonstige Schutzmaßregeln vorschreiben, so kann die Beseitigung der Anlage erst verlangt werden, wenn die unzulässige Einwirkung tatsächlich hervortritt.

Bäume und Sträucher gehören nicht zu den Anlagen im Sinne dieser Vorschriften.

§ 908. Droht einem Grundstücke die Gefahr, daß es durch den Einsturz eines Gebäudes oder eines anderen Werkes, das mit einem Nachbargrundstücke verbunden ist, oder durch die Ablösung von Teilen des Gebäudes oder des Werkes beschädigt wird, so kann der Eigentümer von demjenigen, welcher nach dem § 836 Abs. 1 oder den §§ 837, 838 für den eintretenden Schaden verantwortlich sein würde, verlangen, daß er die zur Abwendung der Gefahr erforderliche Vorkehrung trifft.

§ 909. Ein Grundstück darf nicht in der Weise vertieft werden, daß der Boden des Nachbargrundstückes die erforderliche Stütze verliert, es sei denn, daß für eine genügende anderweitige Befestigung gesorgt ist.

§ 910. Der Eigentümer eines Grundstückes kann Wurzeln eines Baumes oder eines Strauches, die von einem Nachbargrundstück eingedrungen sind, abschneiden und behalten. Das gleiche gilt von herüberragenden Zweigen, wenn der Eigentümer dem Besitzer des Nachbargrundstückes eine angemessene Frist zur Beseitigung bestimmt hat und die Beseitigung nicht innerhalb der Frist erfolgt.

Dem Eigentümer steht dieses Recht nicht zu, wenn die Wurzeln oder die Zweige die Benutzung des Grundstückes nicht beeinträchtigen.

§ 912. Hat der Eigentümer eines Grundstückes bei der Errichtung eines Gebäudes über die Grenze gebaut, ohne daß ihm Vorsatz oder grobe Fahrlässigkeit zur Last fällt, so hat der Nachbar den Überbau zu dulden, es sei denn, daß er vor oder sofort nach der Grenzüberschreitung Widerspruch erhoben hat.

Der Nachbar ist durch eine Geldrente zu entschädigen. Für die Höhe der Rente ist die Zeit der Grenzüberschreitung maßgebend.

§ 916. Wird durch den Überbau ein Erbbaurecht oder eine Dienstbarkeit an dem Nachbargrundstücke beeinträchtigt, so finden zugunsten des Berechtigten die Vorschriften der §§ 912 bis 914 entsprechende Anwendung.

§ 917. Fehlt einem Grundstücke die zur ordnungsmäßigen Benutzung notwendige Verbindung mit einem öffentlichen Wege, so kann der Eigentümer von den Nachbarn verlangen, daß sie bis zur Hebung des Mangels die Benutzung ihrer Grundstücke zur Herstellung der erforderlichen Verbindung dulden. Die Richtung des Notweges und der Umfang des Benutzungsrechts werden erforderlichen Falles durch Urteil bestimmt.

Die Nachbarn, über deren Grundstücke der Notweg führt, sind durch eine Geldrente zu entschädigen. Die Vorschriften des § 912 Abs. 2 Satz 2 und der §§ 913, 914, 916 finden entsprechende Anwendung.

§ 918. Die Verpflichtung zur Duldung des Notweges tritt nicht ein, wenn die bisherige Verbindung des Grundstückes mit dem öffentlichen Wege durch eine willkürliche Handlung des Eigentümers aufgehoben wird.

Wird infolge der Veräußerung eines Teiles des Grundstückes der veräußerte oder der zurückbehaltene Teil von der Verbindung mit dem öffentlichen Wege abgeschnitten, so hat der Eigentümer desjenigen Teiles, über welchen die Verbindung bisher stattgefunden hat, den Notweg zu dulden. Der Veräußerung eines Teiles steht die Veräußerung eines von mehreren demselben Eigentümer gehörenden Grundstückes gleich.

§ 919. Der Eigentümer eines Grundstückes kann von dem Eigentümer eines Nachbargrundstückes verlangen, daß dieser zur Errichtung fester Grenzzeichen und, wenn ein Grenzzeichen verrückt oder unkenntlich geworden ist, zur Wiederherstellung mitwirkt.

Die Art der Abmarkung und das Verfahren bestimmen sich nach den Landesgesetzen; enthalten diese keine Vorschriften, so entscheidet die Ortsüblichkeit.

Die Kosten der Abmarkung sind von den Beteiligten zu gleichen Teilen zu tragen, sofern nicht aus einem zwischen ihnen bestehenden Rechtsverhältnisse sich ein anderes ergibt.

§ 920. Läßt sich im Falle einer Grenzverwirrung die richtige Grenze nicht ermitteln, so ist für die Abgrenzung der Besitzstand maßgebend. Kann der Besitzstand nicht festgestellt werden, so ist jedem Grundstücke ein gleich großes Stück der streitigen Fläche zuzuteilen.

Soweit eine diesen Vorschriften entsprechende Bestimmung der Grenze zu einem Ergebnisse führt, das mit den ermittelten Umständen, insbesondere mit der feststehenden Größe der Grundstücke, nicht übereinstimmt, ist die Grenze so zu ziehen, wie es unter Berücksichtigung dieser Umstände der Billigkeit entspricht.

§ 921. Werden zwei Grundstücke durch einen Zwischenraum, Rain, Winkel, einen Graben, eine Mauer, Hecke, Planke oder eine andere Einrichtung, die zum Vorteile beider Grundstücke dient, voneinander geschieden, so wird vermutet, daß die Eigentümer der Grundstücke zur Benutzung der Einrichtung gemeinschaftlich berechtigt seien, sofern nicht äußere Merkmale darauf hinweisen, daß die Einrichtung einem der Nachbarn allein gehört.

§ 922. Sind die Nachbarn zur Benutzung einer der im § 921 bezeichneten Einrichtungen gemeinschaftlich berechtigt, so kann jeder sie zu dem Zwecke, der sich aus ihrer Beschaffenheit ergibt, insoweit benutzen, als nicht die Mitbenutzung des anderen beeinträchtigt wird. Die Unterhaltungskosten sind von den Nachbarn zu gleichen Teilen zu tragen. Solange einer der Nachbarn an dem Fortbestande der Einrichtung ein Interesse hat, darf sie nicht ohne seine Zustimmung beseitigt oder geändert werden. Im übrigen bestimmt sich das Rechtsverhältnis zwischen den Nachbarn nach den Vorschriften über die Gemeinschaft.

Eine besondere Gefahr für das reelle Baugewerbe bilden seit Jahrzehnten die vielen „wilden" Bauunternehmer, die sich mit der Herstellung von Bauten im Großen befassen, ohne durch Beruf und Mittel dazu befähigt zu sein. Seit den auf den deutschen Sieg von 1871 folgenden sogenannten Gründerjahren ist die Moral der Bauunternehmerkreise immer mehr durch solche fremden Eindringlinge geschädigt worden, so daß unendlich viele Existenzen namentlich kleiner Handwerker vernichtet worden sind. Diese meistens berufsfremden Unternehmer lassen sich von dunklen Geldgebern, Schwindelbanken oder schlechtgeleiteten Spekulationsfirmen mit hochklingenden Namen als Strohmänner vorschieben, erwerben von ihnen teure Grundstücke mit schwindelhaft hoher Kaufgeldbeleihung und lassen sich aus Mangel an eigenen Mitteln einen größeren Teil der Baugelder gegen Einräumung einer hinter dem Kaufgelde eingetragenen Hypothek vorstrecken. Der Bau beginnt, die Handwerker bringen ihn unter Dach, die Tischler setzen Türen und Fenster ein, der innere Ausbau nähert sich seinem Ende, da plötzlich stocken die Zahlungen. Alle beteiligten Lieferanten und Handwerksmeister haben im Vertrauen auf die angebliche Zahlungsfähigkeit des Unternehmers und in Sicherheit gewiegt durch die bisher gegebenen Abschlagszahlungen schon weit mehr eingebaut, als ihnen vergütet wurde. Sie drängen auf Zahlung, und mit ihnen erscheint der bisher im Hintergrund gebliebene Geldgeber auf dem Plan, um sein gestundetes Restkaufgeld einzutreiben. Aus Mangel an weiteren Barmitteln werden die Zahlungen ganz eingestellt und das wertvoll gewordene Baugrundstück kommt zur Zwangsversteigerung, in der es der Hintermann gegen Ausbietung seiner Hypotheken für Kaufgeld und Baugeld erwirbt. Die Lieferanten und Handwerker gehen leer aus und verlieren ihr ganzes Restguthaben. Der Geldgeber der beiden ersten Hypotheken aber bereichert sich an dem Verlust der Handwerker, weil er das nunmehr bebaute Grundstück weit unter seinem Werte übernimmt. Und vielfach begingen die Lieferanten in ihrer Verzweiflung noch die Unbesonnenheit, bei Nacht und Nebel ihre schon eingebauten Arbeiten, Türen, Fenster, Beschlagteile, Installationen usw. eigenmächtig wieder zu entfernen, um ihre Ware wieder an sich zu bringen. Mit diesem verständlichen Akt der Selbsthilfe aber machten sie sich noch überdies strafbar, da die einmal mit dem Hause verbundene, darin eingebaute Arbeit nach dem geltenden bürgerlichen Recht nicht mehr ihnen, sondern dem Eigentümer des Hauses gehört und sie deshalb gar nicht mehr darüber verfügen konnten. Schwere Bestrafung vollendete oft den wirtschaftlichen Ruin der leichtgläubigen Handwerker, welche seinerzeit in der Hoffnung auf angemessene Bezahlung die Arbeit übernahmen, um ihre Werkstatt weiter zu beschäftigen. Und wer noch mit einem blauen Auge davonkam, mußte den erlittenen Verlust bei dem nächsten Bau durch entsprechende Preisaufschläge wieder einzubringen versuchen und trieb damit nur die Baupreise in die Höhe. Diesen verzweifelten Verhältnissen suchte die Reichsregierung ein Ende zu machen, indem sie zum Schutze der Handwerker dem Bauschwindel durch das Reichsgesetz über die Sicherung der Bauforderungen vom 1. Juni 1909 entgegentrat. Das Gesetz besteht aus zwei Teilen, einem obligatorisch gültigen Teil der §§ 1—8 und einem fakultativen Teil in den §§ 9—67, der nur in denjenigen Gemeinden zur Anwendung gelangt, in denen dies durch landesherrliche Verordnung gemäß § 9 bestimmt wird.

V. Heimatschutzgesetze.

Die *Verunstaltungsgesetze* der einzelnen deutschen Bundesstaaten sind der unermüdlichen Aufklärungsarbeit der *Heimatschutzbewegung* zu verdanken, die allmählich unter den Mitgliedern der Regierung wie der Parlamente eine immer wachsende Zahl rühriger Anhänger erwarb. Man war bis etwa zu Anfang des 20. Jahrhunderts ganz allgemein der Ansicht, daß die Pflege des Schönen das Recht und vielleicht auch die Pflicht des Bauherrn und seiner Ratgeber, keinesfalls aber die Aufgabe der staatlichen oder Gemeindepolizei wäre. Schon die Tatsache, daß es keine wörtlich festgelegten, allgemein anerkannten Gesetze der Schönheit gibt, und daß deshalb die Baukunst den Strömungen der Mode unterworfen ist, gab immer wieder den Gegnern der Gesetze gegen die Verunstaltung bei der großen Menge recht. Das private Interesse aller Bauspekulanten, die falsche Vorstellung, daß Schönheit teuer sei, der Eigensinn des einzelnen und die allgemeine Abneigung gegen die nicht immer glückliche Hand der Polizeigewalt verhinderten ein rechtzeitig vorbeugendes Eingreifen. Es bedurfte erst des augenfälligen öffentlichen Nachweises des ungeheuren Schadens, den das Gehenlassen angerichtet hatte, um die Stumpfheit der breiten Masse zu besiegen. Ein riesiges, dem ganzen Volke gehöriges Kapital an Kulturwerten mußte erst vernichtet werden, Wolkenkratzer mit Brandgiebeln auf dem Dorfe, die riesenhafte scheußliche Reklame an den Eisenbahn- und Wasserstraßen, die häßlichsten Ausgeburten der Unternehmerphantasie neben den Baudenkmälern der Zeit unserer Väter, falsch freigelegte Kirchen, abgetragene herrliche Torbauten als Opfer des Verkehrsmoloch usw. mußten das Volk erst aufrütteln, um die gesetzgeberische Tat hervorbringen zu können. *Schulze-Naumburg* hat das besondere, die Zeiten überdauernde Verdienst, daß er durch seine *Kulturarbeiten* die Gebildeten sehen gelehrt, ihren Sinn für das Schöne geschärft und den Willen zum Kampf gegen die schleichende Verunstaltung gestärkt hat. Ihm ist aber vor allem auch die sieghafte Erkenntnis zu danken, daß gerade die bescheidensten und einfachsten Bauten unserer Väter schöner sind als alle so viel teureren Werke der letzten Jahrzehnte, daß also Schönheit nicht ein unbezahlbarer Luxus der Reichen, sondern ein allen erreichbares Gemeingut ist.

Aus diesen Gedanken entstand eine Reihe von Gesetzen gegen die Verunstaltung, wie das besondere preußische Gesetz vom 15. Juli 1907, die §§ 33—35 der badischen Landesbauordnung vom 1. September 1907, die §§ 97 und 98 der Bauordnung für das Königreich Württemberg vom 28. Juli 1910, die ortspolizeilichen Münchner Bauvorschriften gegen die Verunstaltung vom 18. Januar 1908 und das sächsische Verunstaltungsgesetz vom 10. März 1909.

Ein Vorläufer dieser Gesetze wurde für *Preußen* schon am 2. Juni

1902 in dem kurzen *Gesetz gegen die Verunstaltung landschaftlich hervorragender Gegenden durch Reklame* geschaffen, welches lautete:

„Die Landespolizeibehörden sind befugt, zur Verhinderung der Verunstaltung landschaftlich hervorragender Gegenden solche Reklameschilder und sonstige Aufschriften und Abbildungen, welche das Landschaftsbild verunzieren, außerhalb der geschlossenen Ortschaften durch Polizeiverordnung auf Grund des Gesetzes über die allgemeine Landesverwaltung vom 30. Juli 1883 zu verbieten, und zwar auch für einzelne Kreise oder Teile derselben.”

Hatte man 1902 noch geglaubt, nur diese krankhafte Ausgeburt des Geschäftsgeistes, die marktschreierische Eisenbahnreklame in landschaftlich hervorragenden Gegenden verhindern zu müssen, so wurde es in den nächsten Jahren doch klar, daß man auch den schönen alten Stadtbildern Schutz angedeihen und neue Schönheiten in den Städten entstehen lassen müsse, wenn man nicht ein Volksvermögen an Gemütswerken vernichten wollte. Man schuf deshalb 1907 *für Preußen ein Rahmengesetz*, in dem man den Gemeinden die Ermächtigung gab, durch *Ortsstatut* die für ihren Bezirk nötigen ausführlichen *Sondervorschriften gegen die Verunstaltung* zu erlassen. Damit gab man den Gemeinden ein brauchbares Werkzeug in die Hand, mit dem sie im allgemeinen gute Erfahrungen gemacht haben. Da das Gesetz verhältnismäßig kurz ist, so sei sein Wortlaut hier eingeschaltet:

Preußisches Gesetz gegen die Verunstaltung von Ortschaften und landschaftlich hervorragenden Gegenden. Vom 15. Juli 1907.

§ 1. Die baupolizeiliche Genehmigung zur Ausführung von Bauten und baulichen Änderungen ist zu versagen, wenn dadurch Straßen oder Plätze der Ortschaft oder das Ortsbild gröblich verunstaltet werden würden.

§ 2. Durch Ortsstatut kann für bestimmte Straßen und Plätze von geschichtlicher oder künstlerischer Bedeutung vorgeschrieben werden, daß die baupolizeiliche Genehmigung zur Ausführung von Bauten und baulichen Änderungen zu versagen ist, wenn dadurch die Eigenart des Orts- oder Straßenbildes beeinträchtigt würde. Ferner kann durch Ortsstatut vorgeschrieben werden, daß die baupolizeiliche Genehmigung zur Ausführung baulicher Änderungen an einzelnen Bauwerken von geschichtlicher oder künstlerischer Bedeutung und zur Ausführung von Bauten und baulichen Änderungen in der Umgebung solcher Bauwerke zu versagen ist, wenn ihre Eigenart oder der Eindruck, den sie hervorrufen, durch die Bauausführung beeinträchtigt werden würde.

Wenn die Bauausführung nach dem Bauentwurf dem Gepräge der Umgebung der Baustelle im wesentlichen entsprechen würde und die Kosten der trotzdem auf Grund des Ortsstatutes geforderten Änderungen in keinem angemessenen Verhältnisse zu den dem Bauherrn zur Last fallenden Kosten der Bauausführung stehen würden, so ist von der Anwendung des Ortsstatutes abzusehen.

§ 3. Durch Ortsstatut kann vorgeschrieben werden, daß die Anbringung von Reklameschildern, Schaukästen, Aufschriften und Abbildungen der Genehmigung der Baupolizeibehörde bedarf. Die Genehmigung ist unter den gleichen Voraussetzungen zu versagen, unter denen nach den §§ 1 und 2 die Genehmigung zu Bauausführungen zu versagen ist.

§ 4. Durch Ortsstatut können für die Bebauung bestimmter Flächen wie Landhausviertel, Badeorte, Prachtstraßen besondere, über das sonst baupolizeilich zulässige Maß hinausgehende Anforderungen gestellt werden.

§ 5. Der Beschlußfassung über das Ortsstatut hat in den Fällen der §§ 2 und 4 eine Anhörung Sachverständiger vorauszugehen.

§ 6. Sofern in dem auf Grund des § 2 erlassenen Ortsstatute keine anderen Bestimmungen getroffen werden, sind vor Erteilung oder Versagung der Genehmigung Sachverständige und der Gemeindevorstand zu hören. Will die Baupolizeibehörde die Genehmigung gegen den Antrag des Gemeindevorstandes erteilen, so hat sie ihm dies durch Bescheid mitzuteilen. Gegen den Bescheid steht dem Gemeindevorstand innerhalb zwei Wochen die Beschwerde an die Aufsichtsbehörde zu.

In Gemeinden, in denen der Gemeindevorstand nicht aus einer Mehrheit von Personen besteht und der Gemeindevorsteher (Bürgermeister) zugleich Ortspolizeiverwalter ist, tritt an die Stelle des Gemeindevorstandes, sofern nicht in dem Ortsstatut etwas anderes bestimmt wird, der Gemeindebeamte, welcher den Gemeindevorsteher in Behinderungsfällen zu vertreten hat.

§ 7. Für selbständige Gutsbezirke können die dem Ortsstatut vorbehaltenen Vorschriften nach Anhörung des Gutsvorstehers von dem Kreisausschuß erlassen werden. Der Beschluß des Kreisausschusses bedarf der Bestätigung des Bezirksausschusses. Die Bestimmungen des § 2 Abs. 2 §§ 5 und 6 finden sinngemäß Anwendung.

§ 8. Der Regierungspräsident ist befugt, mit Zustimmung des Bezirksausschusses für landschaftlich hervorragende Teile des Regierungsbezirkes vorzuschreiben, daß die baupolizeiliche Genehmigung zur Ausführung von Bauten und baulichen Änderungen außerhalb der Ortschaften versagt werden kann, wenn dadurch das Landschaftsbild gröblich verunstaltet werden würde und dies durch die Wahl eines anderen Bauplatzes oder eine andere Baugestaltung oder die Verwendung anderen Baumaterials vermieden werden kann.

Vor Versagung der Genehmigung sind Sachverständige und der Gemeindevorstand zu hören. In Gemeinden, in denen der Gemeindevorstand nicht aus einer Mehrheit von Personen besteht und der Gemeindevorsteher (Bürgermeister) zugleich Ortspolizeiverwalter ist, tritt an die Stelle des Gemeindevorstandes, sofern nicht durch Ortsstatut etwas anderes bestimmt wird, der Gemeindebeamte, welcher den Gemeindevorsteher in Behinderungsfällen zu vertreten hat.

Die §§ 33—35 der badischen Landesbauordnung, welche von dem Äußern der Gebäude handeln, enthalten im wesentlichen dieselben Bestimmungen, wenden sich aber im besonderen auch noch gegen die *Verwahrlosung* oder den das Straßenbild *verunzierenden Zustand* der nach öffentlichen Verkehrsflächen gerichteten oder von dort sichtbaren *bestehenden* Gebäudeteile. Außerdem ist durch einen Ministerialerlaß vom 15. März 1909 den Bezirksämtern nochmals in eindringlicher Form die *Förderung künstlerischer Bauweise* zur Pflicht gemacht worden. Darin wird unter anderem darauf hingewiesen, daß es nötig sei, dem Lande wieder eine *heimische Bauweise* zu geben, die den Bauherrn vor unnötigen Ausgaben schützt und den Beschauer erfreut. Dies Ziel soll vor allem durch *künstlerische Beratung* der Bauenden erreicht werden, deren Sinn für das einfache, natürliche und schöne Bauen anzuregen ist. Die Behörden werden also auf das neuerdings stark ausgebaute Prinzip der *Bauberatung* verwiesen, mit dem im allgemeinen überall die besten Erfahrungen gemacht sind.

In der Ortsbauordnung von Mannheim vom 22. Oktober 1913 werden diese Fragen in den §§ 35—38 nochmals erschöpfend be. handelt. So wird z. B. ein *harmonischer Anschluß an die Nachbar-gebäude*, insbesondere mit dem Hauptgesims vorgeschrieben, ebenso wie es für zulässig erklärt wird, für die *Dacheindeckung ein bestimmtes Material* zu verlangen, auch zu fordern, daß das *einzelne Dach nur in einheitlichem Material* ausgeführt werden darf. Entsprechend dem lokalen Charakter der Mannheimer Bauordnung werden für bestimmte namhaft gemachte Straßen und Plätze höhere Anforderungen an die architektonische Ausgestaltung der Bauten gestellt, eventuell kann sogar für diese eine *einheitliche Architektur* und *einheitliches Material* verlangt werden.

Auch die §§ 98—99 der Württembergischen Bauordnung vom 28. Juli 1910 nehmen denselben Standpunkt gegen die Verunstaltung des Orts-bildes ein. Sie bestimmen unter anderem, daß ein *Verzeichnis der Bau-werke* angelegt wird, denen die Eigenschaft von *Baudenkmalen* zukommt, deren besonderer Schutz den Behörden also zur Pflicht gemacht wird. *Die neue Stadtbauordnung für Stuttgart* hat in ähnlicher Weise wie die Mannheimer sehr ins einzelne gehende Vorschriften erlassen. Gemäß § 98 der Landesbauordnung sind bestimmte, in der Ortsbausatzung be-sonders aufgeführte Straßen als *eigenartige Orts-, Straßen- oder Land-schaftsbilder* anzusehen, in deren Bereich *Neubauten oder bauliche Än-derungen* sich bei Wahrung ihrer künstlerischen Selbständigkeit dem *bestehenden Gesamtbild harmonisch einfügen müssen.* An einigen be-sonders genannten Straßen müssen Neubauten und Bauveränderungen in Baustoff, Form und Farbe so ausgeführt werden, daß ein *künstleri-sches, eindrucksvolles Gesamtbild* entsteht. An anderen Stellen wird darüber hinaus eine der Umgebung angepaßte *architektonische Ausge-staltung* (Giebel nach der Straße) verlangt. Ganz allgemein wird be-stimmt, daß die von öffentlichen Wegen dauernd sichtbaren Außen-seiten der Gebäude, entsprechend der Zweckbestimmung der Häuser und soweit es ohne namhafte Kostensteigerung möglich ist, ein *ihrer Umgebung angemessenes gefälliges Äußere* nach Baustoff, Form und Farbe erhalten. Dies gilt auch für Häuser, die von Eisenbahnen, Was-serläufen, Anlagen und Friedhöfen·aus dauernd sichtbar bleiben.

Anbringung und Belassung von Reklameschildern, Schaukästen und Aufschriften ist zu untersagen, wenn dadurch ein Orts-, Straßen- oder Landschaftsbild verunstaltet oder die Erscheinung von Baudenkmalen beeinträchtigt wird.

Zur Beratung der Baupolizei in diesen Kunstfragen ist *ein Sachver-ständigenbeirat aus 7 Mitgliedern* bestellt.

Das sächsische Gesetz gegen die Verunstaltung von Stadt und Land vom 10. März 1909 hat sich im allgemeinen dem preußischen Gesetz vom 15. Juli 1907 ziemlich eng angeschlossen. Während aber § 1 des preu-ßischen Textes die Polizei kurz *anweist* die Genehmigung zu versagen, wenn durch einen Bau Straßen oder Plätze oder das Ortsbild *gröblich verunstaltet* werden, bestimmt § 2 des sächsischen Gesetzes, daß die Genehmigung versagt werden *kann*, wenn durch die Bauausführung ein Bauwerk oder dessen Umgebung oder das Straßen-, Orts- oder Landschaftsbild *verunstaltet* würde.

In Preußen die *Muß*vorschrift, in Sachsen die *Kann*bestimmung, dort der Zwang, hier die Ermächtigung. Der preußische Text ist in diesem Falle entschieden vorzuziehen, da er dem Baupolizeibeamten eine klare Rechtslage frei von allen dunklen Einflüssen bietet. Aber auf der anderen Seite verlangt Preußen das Vorliegen einer *gröblichen* Verunstaltung, während Sachsen das Vorhandensein einer Verunstaltung schlechthin als ausschlaggebend ansieht. Hier ist also Sachsen schärfer als Preußen und mit Recht, denn der Begriff der gröblichen Verunstaltung wird vom preußischen Oberverwaltungsgericht sehr zum Schaden des Heimatschutzes etwas eng und zaghaft, man möchte sagen zu wörtlich ausgelegt, so daß im Streitfalle häufig die Beschwerdeführer die Zurücknahme der Polizeiverfügung erreichen und damit schließlich den Arm der Polizei für zukünftiges Zupacken lähmen werden. Nach der Richtung hat auch Sachsen schon seine Erfahrungen gemacht. Der § 90 Abs. 2 des allgemeinen sächsischen Baugesetzes vom 1. Juli 1900 besagt als Vorläufer des Verunstaltungsgesetzes, daß für einzelne Straßen höhere architektonische Anforderungen an die zu errichtenden Gebäude gestellt werden können. Aber die Auslegung des sächsischen Oberverwaltungsgerichtes gestand die Versagung der Bauerlaubnis nur zu, wenn die Bauausführung dem Ort zur „*offenbaren Unzierde*" gereichen würde. Und dieser Begriff ist so ausgelegt, daß darunter ein Zustand zu verstehen sei, der „bei *jedermann* gerechten Anstoß gibt" oder wie an anderer Stelle gesagt wird, der „jedem *unbefangenen, mit dem Urteilsvermögen des Durchschnittsmenschen begabten Beschauer* gerechten Anstoß erregt". Mit dieser Auslegung war praktisch für den Heimatschutz wenig erreicht, denn es werden sich in jedem Streitfalle mit Leichtigkeit ein Dutzend Durchschnittsmenschen auftreiben lassen, die an der offenbarsten Unzierde keinen Anstoß nehmen, also muß die Polizei ermüden. Deshalb erreichte die sächsische Regierung nach hartem Kampfe, daß die nach preußischem Muster beantragte Einfügung des Wortes *gröblich* vor *Verunstaltung* schließlich unterblieb, weil man nach den Erfahrungen mit der *offenbaren Unzierde* keine neuen gummiartig dehnbaren Begriffe und Hemmungen wie „*gröblich*" in das neue Gesetz aufnehmen wollte. Das sächsische Gesetz ist also in der Anweisung milder, in der Begriffsbestimmung schärfer als der preußische Vorläufer.

Um aber keine unnötigen Härten aufkommen zu lassen, ist gewissermaßen als Ausgleich für das fallengelassene Wort „*gröblich*" der Nachsatz eingefügt worden: „Von Anwendung dieser Vorschrift ist abzusehen, wenn durch die Versagung dem Bauherrn ein unverhältnismäßiger wirtschaftlicher Nachteil oder Kostenaufwand erwachsen würde." Diese Abschwächung fehlt in dem preußischen Gesetz.

Die übrigen Unterschiede beider Gesetze sind äußerst gering. Beide werden ihre Wirksamkeit erst nach Jahren erweisen können, wenn die Praxis der verwaltungsgerichtlichen Entscheidungen die notwendige Klarheit über die Grenzen der Anwendbarkeit herbeigeführt hat. Es leuchtet aber ein, daß der Hauptwert dieser Gesetze nicht in dem Zwang oder der Ermächtigung zum Verbot schlechter Bauten, sondern in der vorbeugenden Wirkung des bloßen Daseins des Gesetzes liegt. Deshalb sagt auch die Ausführungsverordnung des sächsischen Gesetzes:

§ 1, 1. Die mit der Ausführung des Gesetzes betrauten Behörden sollen dessen Vorschriften mit Milde sowie möglichster Schonung der beteiligten Kreise anwenden und das Hauptgewicht auf eine erzieherische Wirkung des Gesetzes legen.

§ 1, 2. Vor Erlaß eines Verbotes oder vor Versagung einer Genehmigung im Sinne des Gesetzes haben deshalb die Polizeibehörden, beziehentlich die Baupolizeibehörden in der Regel verständigend und beratend mit den Beteiligten zu verhandeln und einen Ausgleich der entgegenstehenden Interessen im gütlichen Wege anzustreben.

§ 1, 3. Insbesondere ist hierbei unbeschadet der Vorschriften in § 2 Abs. 1 Satz 2 und in § 9 des Gesetzes davon auszugehen, daß im Bauwesen industrieller oder landwirtschaftlicher Betriebe die Anforderungen auf ästhetischem Gebiete der Rücksicht auf den mit dem Bau verfolgten praktischen Zweck dann nachzustellen sind, wenn sich Beides nicht auf einem Wege vereinigen läßt, der eine — im Verhältnis zur geplanten — erheblich kostspieligere Herstellung ausschließt.

§ 1, 4. Eine Schädigung irgendwelcher mit dem Baugewerbe in Verbindung stehender Industriezweige, insbesondere durch allgemeine Verbote, ist tunlichst zu vermeiden. Den beiden Absätzen 3 und 4 liegen scharfe Agitationen von landwirtschaftlichen und industriellen Kreisen (z. B. Dachpappenindustrie) zugrunde, die sich in ihrem wirtschaftlichen Leben durch das geplante Gesetz schwer bedroht glaubten. Ihre Bedenken, wie die der Allgemeinheit überhaupt gegen die beabsichtigte polizeiliche Bevormundung und ihre wirtschaftlichen Eingriffe sollten durch die Vorschrift einer milden, mehr beratenden und erziehenden Tätigkeit der Baubehörden behoben werden. Nicht der Polizeibeamte, sondern der beratende unparteiische Sachverständige muß das Gesetz durchführen — dann wird es seinen Zweck voll erfüllen.

Im Zusammenhang mit obigen Gesetzen sei noch darauf hingewiesen, daß für Hessen am 16. Juli 1902 ein Gesetz betreffend den Denkmalschutz erlassen worden ist, welches äußerst detaillierte Vorschriften über die Verhütung der Beseitigung, Veräußerung, Veränderung oder Verunstaltung von Baudenkmalen enthält. Es bezieht sich sowohl auf feste als auch bewegliche Denkmäler der Kunst im öffentlichen, wie im privaten Besitz und widmet auch dem Schutz der Naturdenkmäler einen ganz besonderen Abschnitt.

Entwurf zu einem Zweifamilienhause

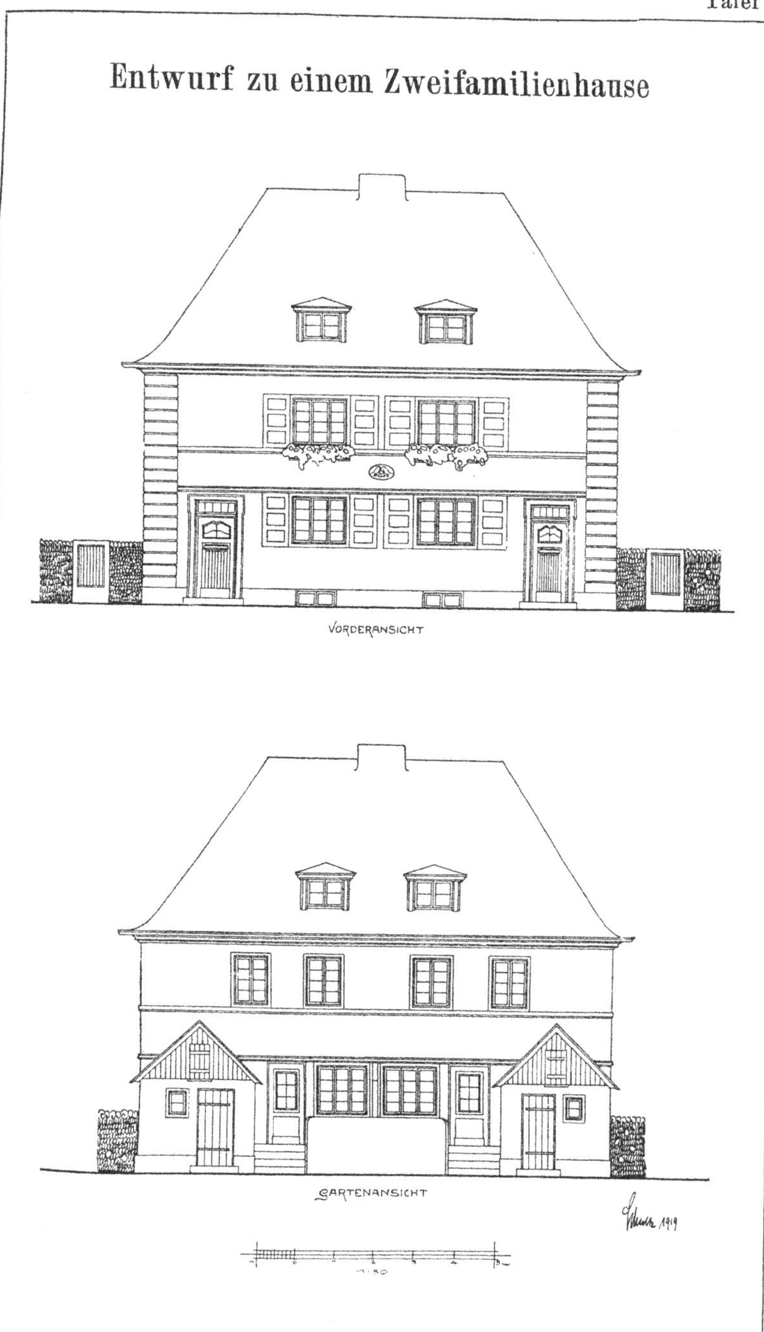

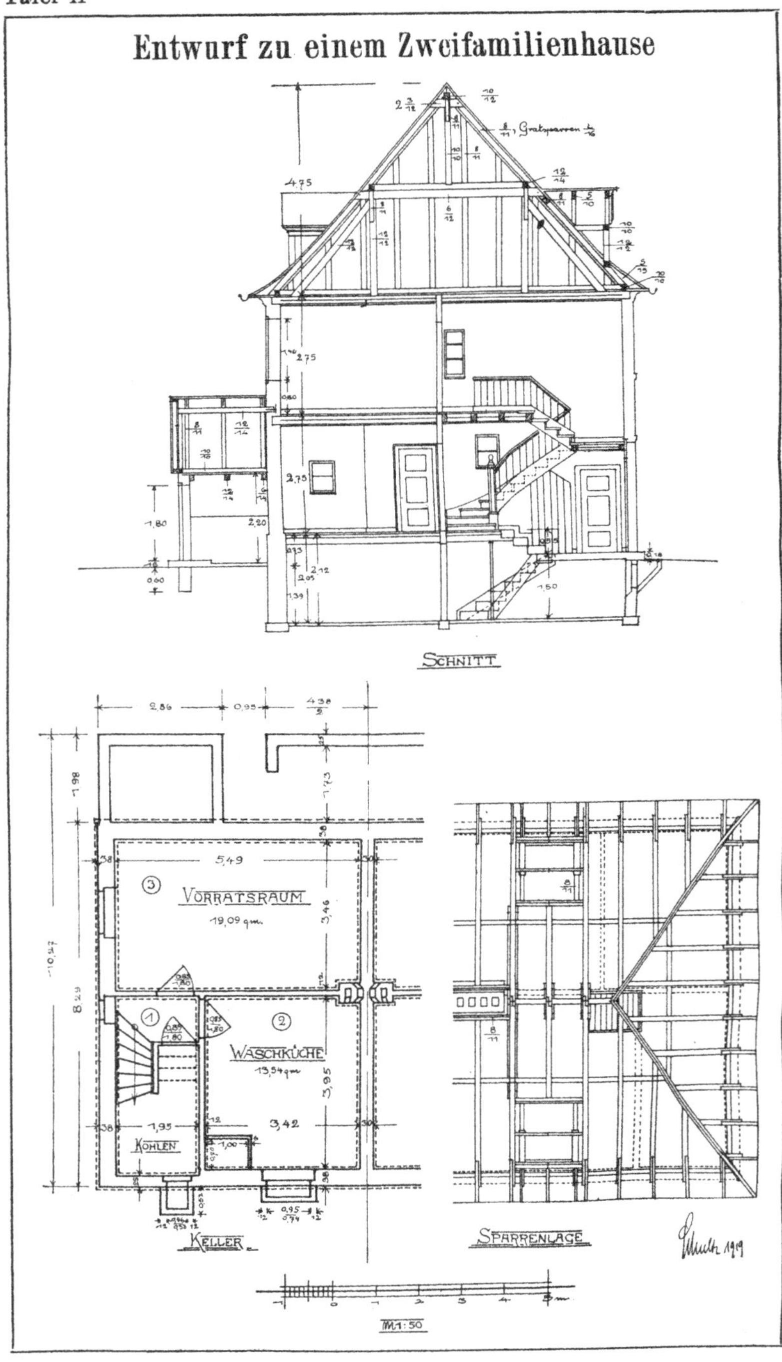
Entwurf zu einem Zweifamilienhause
SCHNITT
VORRATSRAUM
19,09 qm.
WASCHKÜCHE
13,54 qm.
KOHLEN
KELLER
SPARRENLAGE
M 1:50

Entwurf zu einem Zweifamilienhause

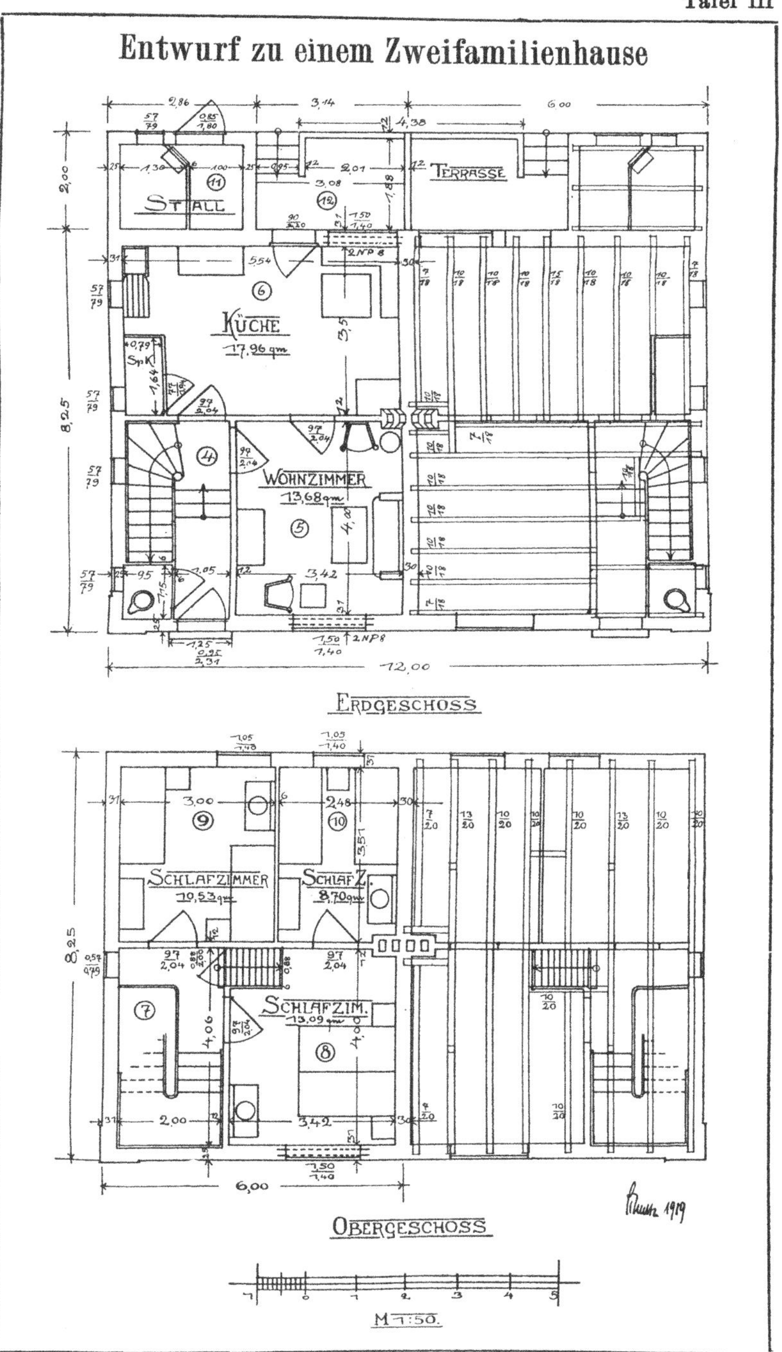

Aus Natur und Geisteswelt

Lehrbücher für Schule und Selbstunterricht

Arithmetik und Algebra zum Selbstunterricht. Von Geh. Studienrat P. Crantz. Mit zahlr. Fig. 7. u. 5. Aufl. (Bd. 120, 205; auch in 1 Band.)

Graphisches Rechnen. Von Prof. O. Prölß. Mit 163 Fig. im Text. (Bd. 708.)

Lehrbuch der Rechenvorteile. Schnellrechnen und Rechenkunst. Mit zahlr. Übungsbeispielen. Von Ing. Dr. J. Bojko. (Bd. 739.)

Prakt. Mathematik. V. Prof. Dr. R. Neuendorff. I. Teil: Graphische Darstellungen. Verkürztes Rechnen. Das Rechnen mit Tabellen. Mechanische Rechenhilfsmittel. Kaufmännisches Rechnen im tägl. Leben. Wahrscheinlichkeitsrechnung. 2., verb. Aufl. Mit 29 Fig. und 1 Tafel. (Bd. 341.) II. Teil: Geometrisches Zeichnen, Projektionslehre, Flächenmessung, Körpermessung. Mit 133 Fig. (Bd. 526.)

Einführung in die Infinitesimalrechnung mit einer histor. Übersicht. Von Prof. Dr. G. Kowalewski. 3., verb. Aufl. Mit 19 Fig. (Bd. 197.)

Differentialrechnung unter Berücksichtigung der praktischen Anwendung in der Technik mit zahlr. Beispiel. u. Aufgab. versehen. Von Studienrat Dr. M. Lindow. 3. Aufl. Mit 45 Fig., 161 Aufg. (387.)

Integralrechnung unt. Berücksichtigung der prakt. Anwendung in d. Technik m. zahlr. Beispiel. u. Aufg. verseh. Von Studienrat Dr. M. Lindow. 2. Aufl. Mit 54 Figuren und 200 Aufgaben. (Bd. 673.)

Differentialgleichungen. Von Studienrat Dr. M. Lindow. (Bd. 589.) [U. d. Presse.]

Planimetrie zum Selbstunterricht. Von Geh. Studienr. P. Crantz. 2. Aufl. Mit 94 Fig. (Bd. 340.)

Analytische Geometrie der Ebene zum Selbstunterricht. Von Geh. Studienrat P. Crantz. 2. Aufl. Mit 55 Figuren. (Bd. 504.)

Ebene Trigonometrie z. Selbstunterricht. Von Geh. Stud.-Rat P. Crantz. 3. Aufl. Mit 50 Fig. (431.)

Sphärische Trigonometrie z. Selbstunterricht. Von Geh. Studienrat P. Crantz. (Bd. 605.)

Einführung in die darstellende Geometrie. Von Prof. P. B. Fischer. (Bd. 541)

Geometrisches Zeichnen. Von akad. Zeichenlehrer A. Schudeisky. Mit 172 Abb. a. 12 Taf. (568.)

Technisches Zeichnen. Von Reg.-Rat Prof. Horstmann. (Bd. 474.) [In Vorb.]

Projektionslehre. Die rechtwinkelige Parallelprojektion und ihre Anwendung auf die Darstellung technischer Gebilde nebst Anh. über d. schiefwinkelige Parallelprojektion, in kurzer leichtfaßl. Darstell. f. Selbstunterricht u. Schulgebr. Von akad. Zeichenlehr. A. Schudeisky. Mit 208 Fig. (Bd. 564.)

Grundzüge d. Perspektive nebst Anwend. V. Prof. Dr. K. Doehlemann. 2., verb. Aufl. Mit 91 Fig. und 11 Abbildungen. (Bd. 510.)

Die graphische Darstellung. Eine allgemeinverständl., durch zahlr. Beisp. aus allen Gebiet. der Wissenschaft u. Praxis erläut. Einführung in den Sinn u. d. Gebrauch d. Methode. Von Hofrat Prof. Dr. F. Auerbach. 2. Aufl. Mit 139 Fig. (Bd. 437.)

Mechanik. Von Prof. Dr. G. Hamel. 3 Bde. I. Grundbegriffe d. Mech. Mit 38 Fig. II. Mech. d. festen Körper. III. Mech. d. flüss. u. luftförm. Körper. (Bd. 684 686.) II. u. III. in Vorb.

Aufgaben aus der techn. Mechanik f. d. Schul-u. Selbstunterricht. V. Prof. N. Schmitt. M. Aufg., Lös. u. zahlr. Fig. i. Text I. Statik u. Festigkeitslehre. 2. Aufl. II. Dynamik. (Bd. 558/559.)

Statik. Von Gewerbeschulrat Baugewerkschuldir. Reg.-Baumstr. A. Schau. 2. Aufl. Mit 112 Fig. im Text. (Bd. 828.)

Festigkeitslehre. Von Gewerbeschulrat Baugewerkschuldir. Reg.-Baumeister A. Schau. 2. Aufl. Mit 119 Figuren im Text. (Bd. 829.)

Einführung in die technische Wärmelehre (Thermodynamik). Von Geh. Bergrat Prof. R. Vater. 2. Aufl. von Privatdoz. Dr. Fr. Schmidt. Mit 46 Abb. im Text. (Bd. 516.)

Praktische Thermodynamik. Aufgaben u. Beisp. z. mechan. Wärmelehre. Von Geh. Bergrat Prof. R. Vater. Mit 40 Abb. im Text u. 3 Taf. (Bd. 596.)

Das Eisenhüttenwesen. Von Geh. Bergrat Prof. Dr. H. Wedding. 6. Aufl. von Bergassessor F. W. Wedding. Mit Abb. (Bd. 20.)

Metallurgie. Von Dr. Ing. Nugel. I. Leicht- u. Edelmetalle. II. Schwermetalle. (446/47.) [J. Vorb.]

Unsere Kohlen. Von Bergassessor P. Kukuk. 2. verb. Aufl. Mit 49 Abb. i. Text u. 1 Taf. (Bd. 396.)

Die Maschinenelemente. Von Geh. Bergrat Prof. R. Vater. 3. Aufl. Mit 175 Abb. (Bd. 301.)

Hebezeuge. Hilfsmittel zum Heben fester, flüssiger und gasförmiger Körper. Von Geh. Bergrat Prof. R. Vater. 2. Aufl. Mit 67 Abb. im Text. (Bd. 196.)

Industr. Feuerungsanlagen u. Dampfkessel. Von Ing. J. E. Mayer. M. Abb. 2. Aufl. (348.) J. V.

Die Dampfmaschine. Von Geh. Bergrat Prof. R. Vater. 2 Bde. I: Wirkungsweise d. Dampfes in Kessel u. Maschine. 4. Aufl. Mit 37 Abb. (Bd. 393.) II: Ihre Gestaltung u. Verwendung. 3. A. v. Priv.-Doz. Dr. Fr. Schmidt. Mit 94 Abb. (Bd. 394.)

Die neueren Wärmekraftmaschinen. Von Geh. Bergrat Prof. R. Vater. 2 Bde. I: Einführung in die Theorie u. d. Bau der Gasmaschinen 5. Aufl. Mit 41 Abb. (Bd. 21.) II: Gaserzeuger, Großgasmasch., Gas- u. Dampfturb 4. Aufl. Mit 43 Abb. (86.)

Wasserkraftanlagen und -Maschinen. Von Dr. Ing. F. Lawaczek. (Bd. 732.)

Landwirtschaftliche Maschinenkunde. Von Geh. Reg.-Rat Prof. Dr. G. Fischer. 2. Aufl. Mit 64 Abb. (Bd. 316.)

Grundlagen der Elektrotechnik. Von Obering. A. Rotth. 3. Aufl. Mit Abb. (Bd. 391.)

Die elektrische Kraftübertragung. Von Ing. P. Köhn. 2. Aufl. Mit 133 Abb. (Bd. 424.)

Elektrische Maschinen. Von Dipl.-Ing. M. Liwschitz. (Bd. 774.)

Drähte und Kabel, ihre Anfert. u. Anwend. in der Elektrotechn. Von Oberpostinsp. H. Brick. 2. Aufl. (Bd. 285.)

Der Eisenbetonbau. Von Dipl.-Ing. E. Haimovici. 2. Afl. Mit 82 Abb. u. 8 Rechnungsbeisp. (275.)

Das Holz, seine Bearbeitung und seine Verwendung. Von Inspektor J. Großmann. Mit 39 Originalabbildungen im Text. (Bd. 473.)

Die Kälte, ihr Wesen, ihre Erzeugung und Verwertung. Von Dr. H. Alt. Mit 45 Abb. (Bd. 311.)

Einführung in die Technik. Von Geh. Reg.-Rat Prof. Dr. H. Lorenz. Mit 77 Abb. (Bd. 729.)

Am sausenden Webstuhl der Zeit. Übers. über die Wirkungen d. Entwicklung d. Naturw. u. Technik auf d. ges. Kulturleb. Von Geh. Reg.-Rat Prof. Dr. W. Launhardt. 3. Aufl. Mit 3 Abb. (Bd. 23.)

Schöpfungen der Ingenieurtechnik d. Neuzeit. V. Geh. Reg.-Rat M. Geitel. Mit 32 Abb. (Bd. 28.)

Verlag von B. G. Teubner in Leipzig und Berlin

TEUBNERS TECHNISCHE LEITFADEN

In Vorbereitung befinden sich ferner:

Versicherungsmathematik. Von Reg.-Rat Dr. P. E. Böhmer, Professor an der Technischen Hochschule Dresden.

Praktische Geometrie. Von Dr.-Ing. Hohenner, Professor an der Technischen Hochschule Darmstadt.

Maschinenelemente. 2 Bde. V. K. Kutzbach, Prof. a. d. Techn. Hochsch. Dresden.

Thermodynamik. 2 Bände. Von Geh. Hofrat Dr. R. Mollier, Professor an der Technischen Hochschule Dresden.

Kolbenkraftmaschinen. V. Dr.-Ing. A. Nägel, Prof. a. d. Techn. Hochsch. Dresden

Dampfturbinen und Turbokompressen. Von Dr.-Ing. H. Baer, Professor an der Technischen Hochschule zu Breslau.

Wasserkraftmaschinen und Kreiselpumpen. Von Oberingenieur Dr.-Ing. F. Lawaczeck, Halle.

Grundlagen der Elektrotechnik. 2 Bände. Von Dr. E. Orlich, Professor an der Technischen Hochschule Berlin.

Elektrische Maschinen. 4 Bd. V. Dr.-Ing. M. Kloß, Prof. a. d. Techn. Hochsch. Berlin

Baustoffe des Maschinenbaues. Von Dr. E. Schwinning, Professor an der Technischen Hochschule Dresden.

Mechanische Technologie der Textilindustrie. V. Dr.-Ing. W. Frenzel-Delft.

Baumechanik. 2 Bde. Von Dr. A. Hertwig, Prof. a. d. Techn. Hochsch. Aachen.

Eisenbau. Von Dr. A. Hertwig, Prof. an der Techn. Hochschule Aachen.

Eisenbetonbau. Von H. Kaiser, Prof. an der Techn. Hochschule Darmstadt.

Brückenbau. 2 Bände. Bd. I: Holz-, Stein- und Eisenbetonbrücken. Von Geh. Hofrat Foerster, Professor an der Technischen Hochschule Dresden. Bd. II: Eiserne Brücken. Von Dr.-Ing. W. Gehler, Professor an der Technischen Hochschule Dresden.

Hydrographie. Von Dr. H. Gravelius, Prof. a. d. Techn. Hochschule Dresden.

Baustoffkunde. Von Geh. Hofrat Dr. M. Foerster, Professor an der Technischen Hochschule Dresden.

Hochbau in Holz. Von Geh. Baurat H. Walbe, Professor an der Technischen Hochschule Darmstadt.

Wohnhausbau und Kleinsiedelungen. Von Geh. Hofrat Dr. G. Lübke, Professor an der Technischen Hochschule Braunschweig.

Der innere Ausbau. V. Dr.-Ing. E. Michel, Prof. a. d. Techn. Hochsch. Hannover.

Heizung, Lüftung, Beleuchtung, Be- und Entwässerung von städtischen Gebäuden. Von Geh. Baurat Höpfner, Stadtbaurat in Kassel.

Bau von Geschäfts- und Warenhäusern, Kontorhäusern, Börsen, Banken, Krankenkassen, Markthallen. Von Architekt G. H. Grell, Hamburg.

Industriebau, Fabrikbau, Speicher, Hallen. Von Dr.-Ing. R. Müller, Professor an der Technischen Hochschule Dresden.

Landwirtschaftliche Bauten. Von Dr. O. Stiehl, Prof. d. Techn. Hochsch. Berlin.

Städtebau, Garten- und Friedhofkunst. Von Stadtbaurat Strobel, Dortmund.

Die baukünstlerische Gestaltung. Von Architekt E. Högg, Professor an der Technischen Hochschule Dresden.

Bauzeichnen. V. Geh. Hofrat I. Bühlmann, Prof. a. d Techn. Hochsch. München.

Umrisse der Baugeschichte. Von Dr.-Ing. E. Fiechter, Professor an der Technischen Hochschule Stuttgart.

Weitere Bände erscheinen in rascher Folge.

VERLAG VON B. G. TEUBNER IN LEIPZIG UND BERLIN

Made in the USA
Monee, IL
07 July 2026

56549917R00095